달 달 풀고 곰곰 생각하는

달곰한
계산력

초등 3-2

참쌤스쿨

디지털 교육 컨텐츠를 전문적으로 제작하고 공유하여
교실과 학교, 교육의 변화를 꿈꾸는
현직 교사로 이루어진 전국 단위 전문적 학습 공동체입니다.

지 은 이 　NE능률 수학교육연구소
　　　　　참쌤스쿨 서휘경
개 발 책 임 　차은실
개　　발 　한아름, 김다은, 김건희
디 자 인 　오영숙, 한새미, 황유진
일 러 스 트 　이상화
영　　업 　한기영, 이경구, 박인규, 정철교, 김남준, 이우현
마 케 팅 　박혜선, 남경진, 이지원, 김여진
펴 낸 이 　주민홍
펴 낸 곳 　서울시 마포구 월드컵북로 396(상암동) 누리꿈스퀘어 비즈니스타워 10층
　　　　　㈜NE능률 (우편번호 03925)
펴 낸 날 　2023년 11월 1일 초판 제1쇄
　　　　　2024년 1월 5일 초판 제2쇄
전　　화 　02 2014 7114
팩　　스 　02 3142 0357
홈 페 이 지 　www.neungyule.com
등 록 번 호 　제1–68호

고객센터
교재 내용 문의: contact.nebooks.co.kr (별도의 가입 절차 없이 작성 가능)
제품 구매, 교환, 불량, 반품 문의: 02 2014 7114
☎ 전화 문의는 본사 업무 시간 중에만 가능합니다.

01 (몇십)×(몇십), (몇십몇)×(몇십)

Day 03

14쪽

❶ 2400
❷ 1400
❸ 2500
❹ 480
❺ 1830
❻ 4200
❼ 680
❽ 3600
❾ 4200
❿ 3600
⓫ 1500
⓬ 920
⓭ 6160
⓮ 4590
⓯ 360

15쪽

⓰ 1600
⓱ 1640
⓲ 2480
⓳ 1020
⓴ 2100
㉑ 3200
㉒ 3500
㉓ 2400
㉔ 2070
㉕ 2880
㉖ 4340
㉗ 1400
㉘ 5600
㉙ 800
㉚ 1500
㉛ 1800
㉜ 2560
㉝ 1380
㉞ 6390

Day 04

16쪽

❶ 4900
❷ 4000
❸ 2700
❹ 1040
❺ 1350
❻ 1860
❼ 1740
❽ 1200
❾ 4500
❿ 2400
⓫ 3500
⓬ 2430
⓭ 1660
⓮ 4560
⓯ 900

17쪽

⓰ 720
⓱ 2600
⓲ 3700
⓳ 340
⓴ 2000
㉑ 7200
㉒ 1400
㉓ 1800
㉔ 640
㉕ 1890
㉖ 520
㉗ 700
㉘ 3200
㉙ 5400
㉚ 1000
㉛ 2000
㉜ 2100
㉝ 5200
㉞ 1520

연산놀이터 똑같이 생긴 눈사람을 찾아 두 눈사람에 쓰인 수를 곱해 봐.

3

02 올림이 한 번 있는 (몇십몇)×(몇십몇)

Day 05

❶ 720, 48 / 720, 48, 768
❷ 660, 132 /
    660, 132, 792
❸ 520, 39 / 520, 39, 559
❹ 160, 64 / 160, 64, 224
❺ 1260, 42 /
    1260, 42, 1302

❻ 480, 72 / 480, 72, 552
❼ 1290, 86 /
    1290, 86, 1376
❽ 410, 123 /
    410, 123, 533
❾ 2880, 72 /
    2880, 72, 2952
❿ 280, 56 / 280, 56, 336

Day 06

❶ 468
❷ 588
❸ 1612
❹ 689
❺ 1008
❻ 2542
❼ 540
❽ 1743
❾ 697
❿ 1274

⓫ 777
⓬ 996
⓭ 936
⓮ 1134
⓯ 2952
⓰ 2542
⓱ 588
⓲ 5551
⓳ 756
⓴ 915
㉑ 1376

4

Day 07

❶ 527
❷ 1764
❸ 1288
❹ 1953
❺ 816
❻ 1323
❼ 756
❽ 1764
❾ 3621
❿ 1008

⓫ 2501
⓬ 1533
⓭ 989
⓮ 1458
⓯ 2952
⓰ 1764
⓱ 1209
⓲ 2542
⓳ 1209
⓴ 481
㉑ 324

Day 08

❶ 588
❷ 1312
❸ 2542
❹ 2263
❺ 1643
❻ 943
❼ 888
❽ 1344
❾ 966
❿ 2573
⓫ 915
⓬ 351
⓭ 1729
⓮ 1113
⓯ 3772

⓰ 1681
⓱ 338
⓲ 1178
⓳ 867
⓴ 1344
㉑ 364
㉒ 1008
㉓ 899
㉔ 7371
㉕ 676
㉖ 4941
㉗ 775
㉘ 567
㉙ 1722
㉚ 819
㉛ 1116
㉜ 2232
㉝ 6461
㉞ 564

1 648 **2** 481 **16** 1281 **17** 2542

3 1922 **4** 1302 **18** 876 **19** 969

5 798 **6** 1008 **20** 256 **21** 270

7 1547 **8** 984 **22** 987 **23** 1088

9 1512 **10** 468 **24** 966 **25** 576

11 1107 **12** 1079 **26** 609 **27** 735

13 2883 **14** 868 **28** 1554 **29** 689

15 819 **30** 1722 **31** 1209

32 868 **33** 918

34 1196

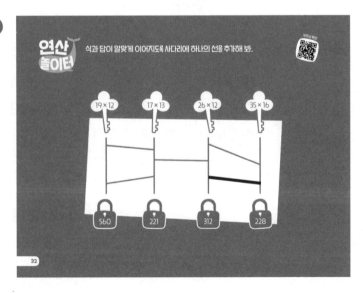

연산 놀이터 식과 답이 알맞게 이어지도록 사다리에 하나의 선을 추가해 봐.

19 × 12   17 × 13   26 × 12   35 × 16

560   221   312   228

03 올림이 여러 번 있는 (몇십몇)×(몇십몇)

36쪽

❶ 1360, 68 /
   1360, 68, 1428
❷ 1350, 180 /
   1350, 180, 1530
❸ 1440, 216 /
   1440, 216, 1656
❹ 2120, 212 /
   2120, 212, 2332
❺ 1740, 87 /
   1740, 87, 1827

37쪽

❻ 2560, 64 /
   2560, 64, 2624
❼ 1680, 112 /
   1680, 112, 1792
❽ 860, 172 /
   860, 172, 1032
❾ 1480, 111 /
   1480, 111, 1591
❿ 220, 132 /
   220, 132, 352

38쪽

❶ 1134
❷ 2232
❸ 1887
❹ 1020
❺ 1656
❻ 1728
❼ 1170
❽ 1804
❾ 1708
❿ 1365

39쪽

⓫ 2016
⓬ 1440
⓭ 1872
⓮ 1702
⓯ 4664
⓰ 1092
⓱ 1344
⓲ 2914
⓳ 3240
⓴ 1239
㉑ 1936

40쪽

41쪽

❶ 1932 ❷ 988 ⓫ 2300 ⓬ 1419
❸ 5103 ❹ 1848 ⓭ 1116 ⓮ 3672
❺ 2496 ❻ 2562 ⓯ 858 ⓰ 1806
❼ 4453 ❽ 832 ⓱ 945 ⓲ 1504
❾ 1458 ❿ 1476 ⓳ 1224 ⓴ 702
㉑ 2077

42쪽

43쪽

❶ 3526 ❷ 1435 ⓰ 1134 ⓱ 2656
❸ 1184 ❹ 1560 ⓲ 2485 ⓳ 5395
❺ 840 ❻ 1092 ⓴ 448 ㉑ 4189
❼ 2912 ❽ 2952 ㉒ 1239 ㉓ 1472
❾ 432 ❿ 2806 ㉔ 442 ㉕ 1292
⓫ 2668 ⓬ 2805 ㉖ 1647 ㉗ 1824
⓭ 1380 ⓮ 1551 ㉘ 7128 ㉙ 752
⓯ 1326 ㉚ 684 ㉛ 7735
㉜ 1508 ㉝ 5368
㉞ 1025

❶ 1701   ❷ 3486   ⑯ 6417   ⑰ 1716

❸ 1008   ❹ 1302   ⑱ 1656   ⑲ 1323

❺ 1512   ❻ 1080   ⑳ 1328   ㉑ 1242

❼ 2303   ❽ 1296   ㉒ 3192   ㉓ 1566

❾ 4615   ❿ 3172   ㉔ 624   ㉕ 1536

⓫ 4176   ⓬ 3484   ㉖ 2952   ㉗ 1110

⓭ 2484   ⓮ 1470   ㉘ 1241   ㉙ 1782

⓯ 1728   ㉚ 1450   ㉛ 1504

                                  ㉜ 2464   ㉝ 1763

                                  ㉞ 1568

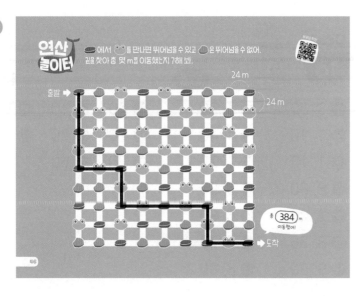

04 (몇십)÷(몇), (몇백몇십)÷(몇)

Day 15

50쪽 51쪽

❶ 10   ❷ 20   ❸ 10   ❻ 40   ❼ 80   ❽ 90
❹ 30   ❺ 20

Day 16

52쪽 53쪽

❶ 3, 30   ❷ 3, 30   ⓯ 40   ⓰ 10   ⓱ 30
❸ 1, 10   ❹ 4, 40   ⓲ 70   ⓳ 70   ⓴ 60
❺ 1, 10   ❻ 2, 20   ㉑ 70   ㉒ 60
❼ 8, 80   ❽ 5, 50
❾ 2, 20   ❿ 6, 60
⓫ 3, 30   ⓬ 7, 70
⓭ 9, 90   ⓮ 8, 80

10

Day 17

❶ 20 ❷ 10 ❸ 10
❹ 20 ❺ 30 ❻ 10
❼ 10 ❽ 50 ❾ 20
❿ 40 ⓫ 90 ⓬ 60
⓭ 70 ⓮ 30 ⓯ 60

⓰ 10 ⓱ 10 ⓲ 10
⓳ 10 ⓴ 30 ㉑ 10
㉒ 30 ㉓ 20 ㉔ 20
㉕ 30 ㉖ 40 ㉗ 50
㉘ 60 ㉙ 40 ㉚ 70
㉛ 20 ㉜ 80 ㉝ 90
㉞ 80

Day 18

❶ 10 ❷ 20 ❸ 10
❹ 30 ❺ 10 ❻ 20
❼ 10 ❽ 20 ❾ 70
❿ 90 ⓫ 70 ⓬ 90
⓭ 80 ⓮ 30 ⓯ 70

⓰ 10 ⓱ 30 ⓲ 20
⓳ 10 ⓴ 40 ㉑ 20
㉒ 10 ㉓ 10 ㉔ 70
㉕ 40 ㉖ 30 ㉗ 80
㉘ 30 ㉙ 90 ㉚ 90
㉛ 40 ㉜ 60 ㉝ 70
㉞ 40

05 내림이 없고 나머지가 없는 (두 자리 수)÷(한 자리 수)

Day 19

62쪽 · 63쪽

① 12 **②** 21 **③** 34   **⑥** 23 **⑦** 11 **⑧** 11
④ 11 **⑤** 12   **⑨** 21 **⑩** 13

Day 20

64쪽 · 65쪽

① 13 **②** 11 **③** 41   **⑦** 21 **⑧** 11 **⑨** 14
④ 33 **⑤** 23 **⑥** 21   **⑩** 44 **⑪** 31 **⑫** 12
                                ⑬ 23

Day 21

66쪽 · 67쪽

① 12 **②** 21 **③** 14   **⑪** 12 **⑫** 22 **⑬** 34
④ 32 **⑤** 11 **⑥** 32   **⑭** 42 **⑮** 22 **⑯** 24
⑦ 33 **⑧** 21 **⑨** 23   **⑰** 12 **⑱** 11 **⑲** 13
⑩ 43   **⑳** 41 **㉑** 11 **㉒** 33
                                ㉓ 22 **㉔** 11 **㉕** 23
                                ㉖ 11 **㉗** 21 **㉘** 11
                                ㉙ 44

13

68쪽

❶ 11 ❷ 23 ❸ 21
❹ 11 ❺ 23 ❻ 21
❼ 22 ❽ 13 ❾ 41
❿ 12 ⓫ 13

69쪽

⓬ 11 ⓭ 32 ⓮ 11
⓯ 22 ⓰ 24 ⓱ 12
⓲ 34 ⓳ 21 ⓴ 42
㉑ 11 ㉒ 14 ㉓ 11
㉔ 31 ㉕ 43 ㉖ 44
㉗ 12 ㉘ 22 ㉙ 33
㉚ 11

70쪽

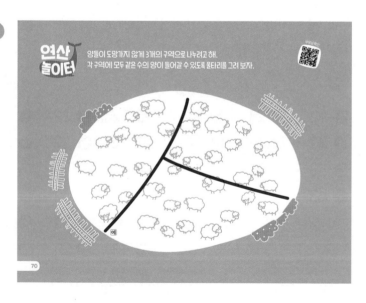

14

06 내림이 있고 나머지가 없는 (두 자리 수)÷(한 자리 수)

Day 23

74쪽

❶ 16 ❷ 13 ❸ 18
❹ 13 ❺ 24

75쪽

❻ 26 ❼ 16 ❽ 18
❾ 12 ❿ 14

Day 24

76쪽

❶ 24 ❷ 17 ❸ 18
❹ 15 ❺ 49 ❻ 25

77쪽

❼ 18 ❽ 29 ❾ 12
❿ 13 ⓫ 12 ⓬ 13
⓭ 17

Day 25

78쪽

❶ 14 ❷ 24 ❸ 19
❹ 27 ❺ 13 ❻ 12
❼ 12 ❽ 14 ❾ 14
❿ 36

79쪽

⓫ 15 ⓬ 16 ⓭ 25
⓮ 25 ⓯ 19 ⓰ 18
⓱ 18 ⓲ 15 ⓳ 18
⓴ 16 ㉑ 19 ㉒ 13
㉓ 15 ㉔ 47 ㉕ 27
㉖ 13 ㉗ 12 ㉘ 14
㉙ 17

80쪽

81쪽

❶ 19 ❷ 18 ❸ 35

❹ 12 ❺ 13 ❻ 12

❼ 26 ❽ 13 ❾ 12

❿ 19 ⓫ 17

⓬ 14 ⓭ 14 ⓮ 17

⓯ 12 ⓰ 19 ⓱ 27

⓲ 19 ⓳ 23 ⓴ 28

㉑ 14 ㉒ 16 ㉓ 18

㉔ 14 ㉕ 16 ㉖ 13

㉗ 39 ㉘ 13 ㉙ 36

㉚ 26

82쪽

❶
| $52 \div 4$ | $32 \div 2$ |
| 13 | 16 |

❷
| $78 \div 3$ | $54 \div 2$ |
| 26 | 27 |

❸
| $91 \div 7$ | $96 \div 8$ |
| 13 | 12 |

❹
| $54 \div 3$ | $76 \div 4$ |
| 18 | 19 |

❺
| $42 \div 3$ | $90 \div 5$ |
| 14 | 18 |

❻
| $72 \div 4$ | $48 \div 3$ |
| 18 | 16 |

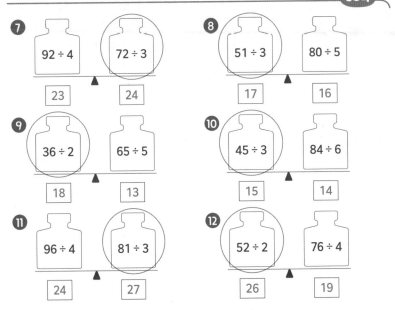

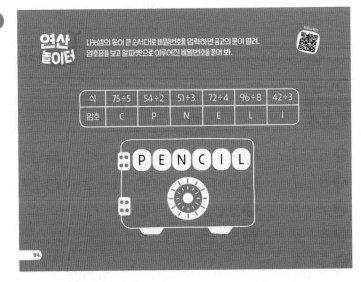

17

07 내림이 없고 나머지가 있는 (두 자리 수)÷(한 자리 수)

Day 28

88쪽

❶ 8, 2   ❷ 8, 1
❸ 6, 3   ❹ 6, 2
❺ 6, 1

89쪽

❻ 14, 1   ❼ 11, 3
❽ 10, 2   ❾ 22, 1
❿ 11, 2

Day 29

90쪽

❶ 8 … 1   ❷ 5 … 2
❸ 8 … 7   ❹ 5 … 3
❺ 7 … 4   ❻ 9 … 1
❼ 6 … 2   ❽ 7 … 6
❾ 3 … 3

91쪽

❿ 11 … 1   ⓫ 33 … 1
⓬ 11 … 2   ⓭ 22 … 2
⓮ 21 … 2

Day 30

92쪽
93쪽

❶ 8 … 1   ❷ 9 … 4   ⑯ 5 … 1   ⑰ 3 … 6
❸ 8 … 3   ❹ 6 … 8   ⑱ 6 … 5   ⑲ 8 … 5
❺ 7 … 2   ❻ 9 … 1   ⑳ 8 … 4   ㉑ 9 … 2
❼ 2 … 5   ❽ 7 … 2   ㉒ 4 … 6   ㉓ 5 … 3
❾ 8 … 7   ❿ 6 … 3   ㉔ 7 … 3   ㉕ 6 … 1
⓫ 6 … 6   ⓬ 11 … 1 ㉖ 9 … 4   ㉗ 7 … 5
⓭ 40 … 1 ⓮ 12 … 2 ㉘ 11 … 3 ㉙ 10 … 5
⓯ 31 … 2   ㉚ 12 … 1 ㉛ 30 … 1
                    ㉜ 11 … 2 ㉝ 10 … 2
                    ㉞ 11 … 1

Day 31

94쪽
95쪽

❶ 7 … 1   ❷ 4 … 2   ⑯ 5 … 3   ⑰ 2 … 6
❸ 8 … 2   ❹ 4 … 4   ⑱ 7 … 1   ⑲ 5 … 3
❺ 7 … 2   ❻ 9 … 5   ⑳ 9 … 3   ㉑ 9 … 1
❼ 6 … 1   ❽ 5 … 2   ㉒ 5 … 6   ㉓ 6 … 1
❾ 3 … 1   ❿ 6 … 1   ㉔ 6 … 4   ㉕ 9 … 4
⓫ 7 … 7   ⓬ 10 … 5 ㉖ 4 … 7   ㉗ 8 … 3
⓭ 21 … 3 ⓮ 22 … 1 ㉘ 21 … 2 ㉙ 20 … 2
⓯ 20 … 2   ㉚ 21 … 1 ㉛ 10 … 5
                    ㉜ 10 … 2 ㉝ 12 … 1
                    ㉞ 20 … 2

20

08 내림이 있고 나머지가 있는 (두 자리 수)÷(한 자리 수)

100쪽   101쪽

❶ 14, 1   ❷ 17, 1   ❻ 17, 1   ❼ 14, 1

❸ 15, 3   ❹ 18, 1   ❽ 12, 2   ❾ 16, 1

❺ 25, 1   ❿ 19, 1

102쪽   103쪽

❶ 17 ⋯ 2   ❷ 14 ⋯ 2   ❼ 15 ⋯ 1   ❽ 24 ⋯ 1

❸ 27 ⋯ 1   ❹ 27 ⋯ 1   ❾ 11 ⋯ 3   ❿ 22 ⋯ 2

❺ 14 ⋯ 1   ❻ 13 ⋯ 4   ⓫ 12 ⋯ 1   ⓬ 12 ⋯ 1

                        ⓭ 14 ⋯ 2

104쪽
105쪽

❶ 19 … 3　❷ 12 … 3
❸ 28 … 1　❹ 11 … 5
❺ 28 … 1　❻ 15 … 3
❼ 13 … 2　❽ 13 … 2
❾ 12 … 3　❿ 27 … 2

⓫ 14 … 4　⓬ 24 … 2
⓭ 37 … 1　⓮ 18 … 2
⓯ 12 … 3　⓰ 12 … 4
⓱ 17 … 2　⓲ 15 … 1
⓳ 18 … 3　⓴ 13 … 1
㉑ 12 … 1　㉒ 12 … 4
㉓ 26 … 1　㉔ 28 … 2
㉕ 13 … 6　㉖ 17 … 1
㉗ 12 … 5　㉘ 18 … 2
㉙ 11 … 7

106쪽
107쪽

❶ 25 … 1　❷ 13 … 5
❸ 15 … 2　❹ 13 … 1
❺ 35 … 1　❻ 14 … 2
❼ 13 … 5　❽ 15 … 2
❾ 19 … 2　❿ 23 … 2
⓫ 19 … 2

⓬ 15 … 1　⓭ 12 … 6
⓮ 12 … 2　⓯ 16 … 4
⓰ 19 … 2　⓱ 29 … 1
⓲ 23 … 2　⓳ 24 … 2
⓴ 26 … 1　㉑ 13 … 3
㉒ 18 … 2　㉓ 16 … 1
㉔ 11 … 6　㉕ 25 … 2
㉖ 12 … 4　㉗ 12 … 3
㉘ 16 … 2　㉙ 16 … 2
㉚ 27 … 1

108쪽

109쪽

❶ 18, 1   ❷ 15, 1   ⓬ 11, 5   ⓭ 25, 2

❸ 12, 2   ❹ 11, 2   ⓮ 15, 4   ⓯ 13, 4

❺ 23, 3   ❻ 18, 1   ⓰ 36, 1   ⓱ 29, 2

❼ 45, 1   ❽ 19, 1   ⓲ 19, 1   ⓳ 11, 4

❾ 12, 3   ❿ 13, 3   ⓴ 26, 1   ㉑ 18, 1

⓫ 11, 5   ㉒ 12, 2

110쪽

09 백의 자리부터 몫을 구하는 (세 자리 수)÷(한 자리 수)

Day 37

114쪽　115쪽

❶ 123, 0　❷ 142, 0　❹ 262, 1　❺ 131, 3

❸ 243, 0　❻ 132, 2

Day 38

116쪽　117쪽

❶ 122　❷ 232　❼ 102　❽ 208

❸ 121　❹ 124　❾ 130　❿ 101

❺ 224　❻ 141　⓫ 208　⓬ 109

⓭ 108　⓮ 105

⓯ 220

Day 39

118쪽　119쪽

❶ 137 … 6　❷ 213 … 1　❼ 120 … 5　❽ 109 … 2

❸ 121 … 1　❹ 154 … 4　❾ 160　❿ 106 … 2

❺ 224 … 1　❻ 141 … 1　⓫ 107 … 2　⓬ 109 … 1

⓭ 260　⓮ 306 … 1

⓯ 103 … 5

Day 40

120쪽
121쪽

1 140 … 4 **2** 107 … 6

3 107 … 5 **4** 250 … 2

5 102 … 2 **6** 160 … 2

7 103 **8** 163

9 122 … 2 **10** 113 … 2

11 123 … 4

12 123 … 1 **13** 125 … 1

14 107 … 3 **15** 163 … 2

16 126 **17** 111 … 6

18 191 **19** 467 … 1

20 137 … 3 **21** 133

22 148 **23** 130 … 3

24 121 … 2 **25** 111 … 5

26 138 … 2 **27** 108

28 128 … 1 **29** 112 … 4

30 106 … 2

Day 41

122쪽
123쪽

1 306 … 2 **2** 105 … 5

3 109 … 1 **4** 109 … 4

5 109 **6** 150 … 1

7 170 … 4 **8** 145 … 1

9 157 … 3 **10** 271 … 1

11 124

12 238 … 2 **13** 135 … 3

14 115 … 3 **15** 121

16 144 … 1 **17** 309

18 119 … 2 **19** 103 … 4

20 105 **21** 155 … 2

22 117 **23** 159 … 1

24 122 … 1 **25** 124

26 108 … 5 **27** 152 … 3

28 195 … 2 **29** 122 … 1

30 174

26

10 백의 자리 수가 나누는 수보다 작은 (세 자리 수) ÷ (한 자리 수)

Day 42

128쪽 129쪽

❶ 41, 0   ❷ 61, 0   ❹ 62, 2   ❺ 43, 3

❸ 98, 0   ❻ 77, 1

Day 43

130쪽 131쪽

❶ 82   ❷ 73   ❸ 82   ❼ 94   ❽ 89   ❾ 78

❹ 75   ❺ 56   ❻ 70   ❿ 86   ⓫ 72   ⓬ 75

                      ⓭ 27

Day 44

132쪽 133쪽

❶ 77 ⋯ 1   ❷ 78 ⋯ 4   ❼ 61 ⋯ 1   ❽ 54 ⋯ 2

❸ 55 ⋯ 3   ❹ 81 ⋯ 1   ❾ 66 ⋯ 5   ❿ 52 ⋯ 1

❺ 58 ⋯ 6   ❻ 87 ⋯ 2   ⓫ 90 ⋯ 5   ⓬ 35 ⋯ 5

                      ⓭ 25 ⋯ 1

Day 45

134쪽

❶ 69 ⋯ 4 ❷ 74 ⋯ 4
❸ 57 ⋯ 2 ❹ 99 ⋯ 6
❺ 83 ⋯ 4 ❻ 84 ⋯ 2
❼ 97 ⋯ 5 ❽ 60 ⋯ 5
❾ 91 ❿ 92 ⋯ 2
⓫ 71 ⋯ 4

135쪽

⓬ 89 ⋯ 4 ⓭ 59
⓮ 91 ⓯ 71 ⋯ 2
⓰ 38 ⋯ 5 ⓱ 95 ⋯ 6
⓲ 69 ⓳ 80 ⋯ 5
⓴ 64 ⋯ 2 ㉑ 93 ⋯ 2
㉒ 75 ⋯ 3 ㉓ 74 ⋯ 2
㉔ 44 ⋯ 4 ㉕ 43
㉖ 76 ⋯ 4 ㉗ 65 ⋯ 1
㉘ 87 ㉙ 63 ⋯ 3
㉚ 59 ⋯ 4

Day 46

136쪽

❶ 33 ⋯ 1 ❷ 65
❸ 64 ⋯ 3 ❹ 76 ⋯ 4
❺ 70 ⋯ 4 ❻ 62
❼ 62 ⋯ 1 ❽ 65 ⋯ 4
❾ 91 ⋯ 6 ❿ 28
⓫ 81 ⋯ 4

137쪽

⓬ 37 ⓭ 83 ⋯ 1
⓮ 41 ⋯ 2 ⓯ 83
⓰ 82 ⓱ 31 ⋯ 1
⓲ 92 ⋯ 1 ⓳ 68
⓴ 71 ⋯ 4 ㉑ 33 ⋯ 2
㉒ 28 ⋯ 3 ㉓ 68 ⋯ 6
㉔ 76 ⋯ 2 ㉕ 86 ⋯ 1
㉖ 74 ㉗ 60 ⋯ 2
㉘ 55 ㉙ 45 ⋯ 2
㉚ 95

❶ 800   ❷ 2400   ❸ 3600   ❹ 660   ❺ 1920

❻ 1980   ❼ 2100   ❽ 1800   ❾ 2400   ❿ 810

⓫ 3280   ⓬ 2070   ⓭ 782   ⓮ 1066   ⓯ 936

⓰ 1376   ⓱ 1148   ⓲ 1554   ⓳ 2546   ⓴ 2438

㉑ 2436   ㉒ 2624   ㉓ 40   ㉔ 20   ㉕ 10

㉖ 30   ㉗ 50   ㉘ 30   ㉙ 30   ㉚ 10

㉛ 40   ㉜ 70   ㉝ 90   ㉞ 50   ㉟ 11

㊱ 21   ㊲ 32   ㊳ 11   ㊴ 21   ㊵ 32

㊶ 11   ㊷ 34   ㊸ 25   ㊹ 12   ㊺ 14

㊻ 16   ㊼ 12   ㊽ 29   ㊾ 15   ㊿ 14

❶ 4 ⋯ 2   ❷ 32 ⋯ 1   ❸ 10 ⋯ 2   ❹ 21 ⋯ 2

❺ 3 ⋯ 3   ❻ 7 ⋯ 1   ❼ 4 ⋯ 4   ❽ 7 ⋯ 7

❾ 5 ⋯ 2   ❿ 32 ⋯ 1   ⓫ 10 ⋯ 5   ⓬ 18 ⋯ 1

⓭ 18 ⋯ 1   ⓮ 13 ⋯ 2   ⓯ 12 ⋯ 4   ⓰ 14 ⋯ 5

⓱ 15 ⋯ 3   ⓲ 15 ⋯ 2   ⓳ 15 ⋯ 1   ⓴ 14 ⋯ 2

㉑ 17 ⋯ 1   ㉒ 13 ⋯ 2   ㉓ 143   ㉔ 127

㉕ 162 ⋯ 2   ㉖ 104 ⋯ 3   ㉗ 123   ㉘ 118

㉙ 136 ⋯ 4   ㉚ 131 ⋯ 2   ㉛ 182 ⋯ 3   ㉜ 199 ⋯ 1

㉝ 57   ㉞ 54   ㉟ 97 ⋯ 1   ㊱ 72 ⋯ 3

㊲ 91   ㊳ 95   ㊴ 94   ㊵ 36 ⋯ 3

㊶ 57 ⋯ 1   ㊷ 61 ⋯ 3   ㊸ 44 ⋯ 3

❶ 5400
❷ 3440
❸ 976
❹ 3484

❺ 30
❻ 40
❼ 22
❽ 32

❾ 16
❿ 28
⓫ 7 … 3
⓬ 21 … 1

⓭ 19 … 1
⓮ 15 … 3
⓯ 170
⓰ 302 … 1

⓱ 63
⓲ 72 … 3
⓳ 3500
⓴ 690

㉑ 1200
㉒ 1134
㉓ 1107
㉔ 689

㉕ 1647
㉖ 2952
㉗ 7128
㉘ 30

㉙ 60
㉚ 70
㉛ 22
㉜ 13

㉝ 21
㉞ 27
㉟ 13
㊱ 19

㊲ 21 … 1
㊳ 8 … 3
㊴ 6 … 4
㊵ 12 … 1

㊶ 24 … 2
㊷ 11 … 4
㊸ 160
㊹ 111 … 6

㊺ 156 … 1
㊻ 33 … 2
㊼ 95
㊽ 65 … 4

수학 공부를 하다 보면 이해가 안 돼서 어렵고, 또 재미도 없고…….

그래서 수학 공부를 하기 싫은 적이 있지 않나요?

수학이 어려운 가장 큰 이유는 지금 배우고 있는 수학 개념들이 대부분 글로 된 딱딱한 설명과 식으로 되어 있기 때문이죠.

그래서 설명을 읽어도 모르겠고, 식을 봐도 이해가 되지 않는 것이랍니다.

하지만! 어려운 수학 개념을 너무나 쉽게 이해할 수 있는 방법!

바로 비주얼 싱킹을 활용해서 수학 개념을 이해하고 문제를 풀어 보는 것이지요.

여러분들이 이해하기 쉽게 수학 개념을 풀어놓은 달곰한 계산력으로 수학 공부를 재미있게 해 보세요!

달곰한 계산력 한눈에 보기

1

학교 선생님이 아이들의 눈높이에 맞추어
설명한 연산 개념을 담았어요.

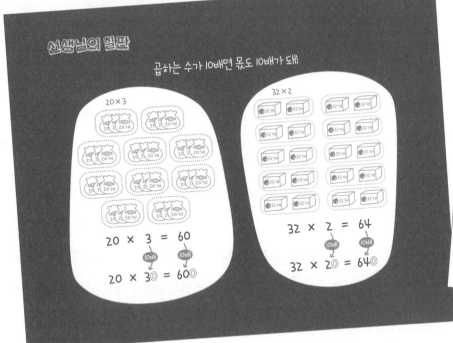

2

개념을 다시 한번 짚어주는 지문을 읽고
충분히 연습해요.

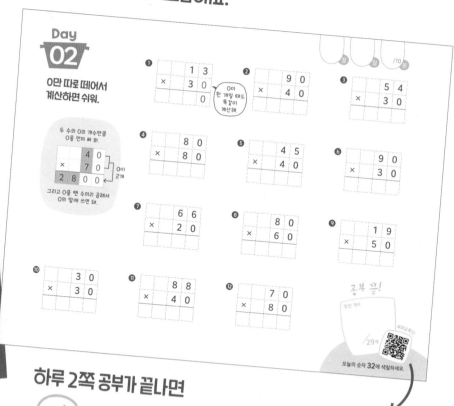

하루 2쪽 공부가 끝나면

 QR로 빠르게 채점하고, 로직을 완성해요.

3

단계별 학습이 끝나면
재미있는 놀이 연산으로 연산 실력을 UP!

1~6단계, 7~10단계, 1~10단계 범위에 따라
연산 실력을 점검해 봐요.

권별 학습 내용

1 - 1	2 - 1	3 - 1
수를 모으고 가르기	받아올림이 한 번 있는 (두 자리 수)+(두 자리 수)	(몇십)×(몇)
합이 9까지인 덧셈	받아올림이 두 번 있는 (두 자리 수)+(두 자리 수)	올림이 없는 (두 자리 수)×(한 자리 수)
한 자리 수의 뺄셈	받아내림이 있는 (두 자리 수)-(두 자리 수)	십의 자리에서 올림이 있는 (두 자리 수)×(한 자리 수)
덧셈과 뺄셈의 관계	덧셈식, 뺄셈식에서 □의 값 구하기	일의 자리에서 올림이 있는 (두 자리 수)×(한 자리 수)
세 수의 덧셈과 뺄셈	같은 수를 여러 번 더하기	올림이 두 번 있는 (두 자리 수)×(한 자리 수)
(몇십)+(몇), (몇)+(몇십)	2단, 5단 곱셈구구	올림이 없는 (세 자리 수)×(한 자리 수)
(몇십몇)+(몇), (몇십몇)-(몇)	3단, 6단 곱셈구구	올림이 한 번 있는 (세 자리 수)×(한 자리 수)
(몇십)+(몇십), (몇십)-(몇십)	4단, 8단 곱셈구구	올림이 여러 번 있는 (세 자리 수)×(한 자리 수)
(몇십몇)+(몇십몇), (몇십몇)-(몇십몇)	7단, 9단 곱셈구구	나눗셈의 기초
		나눗셈의 몫 구하기

1 - 2	2 - 2	3 - 2
10을 모으고 가르기	곱셈구구 종합	(몇십)×(몇십), (몇십몇)×(몇십)
10이 되는 더하기, 10에서 빼기	받아올림이 없는 (세 자리 수)+(세 자리 수)	올림이 한 번 있는 (몇십몇)×(몇십몇)
두 수의 합이 10인 세 수의 덧셈	받아올림이 한 번 있는 (세 자리 수)+(세 자리 수)	올림이 여러 번 있는 (몇십몇)×(몇십몇)
받아올림이 있는 (몇)+(몇)	받아올림이 두 번 있는 (세 자리 수)+(세 자리 수)	(몇십)÷(몇), (몇백몇십)÷(몇)
두 수의 차가 10인 세 수의 뺄셈	받아올림이 세 번 있는 (세 자리 수)+(세 자리 수)	내림이 없고 나머지가 없는 (두 자리 수)÷(한 자리 수)
받아내림이 있는 (십몇)-(몇)	받아내림이 없는 (세 자리 수)-(세 자리 수)	내림이 있고 나머지가 없는 (두 자리 수)÷(한 자리 수)
덧셈과 뺄셈의 관계	받아내림이 한 번 있는 (세 자리 수)-(세 자리 수)	내림이 없고 나머지가 있는 (두 자리 수)÷(한 자리 수)
받아올림이 있는 (몇십몇)+(몇)	받아내림이 두 번 있는 (세 자리 수)-(세 자리 수)	내림이 있고 나머지가 있는 (두 자리 수)÷(한 자리 수)
받아내림이 있는 (몇십몇)-(몇)		백의 자리부터 몫을 구하는 (세 자리 수)÷(한 자리 수)
세 수의 덧셈과 뺄셈		백의 자리 수가 나누는 수보다 작은 (세 자리 수)÷(한 자리 수)

4 - 1	5 - 1	6 - 1
(몇백)×(몇십), (몇십)×(몇백)	덧셈과 뺄셈, 곱셈과 나눗셈이 섞여 있는 식	(자연수)÷(자연수), (진분수)÷(자연수)
(세 자리 수)×(몇십)	괄호가 없는 자연수의 혼합 계산	곱셈으로 계산하는 (진분수)÷(자연수)
(세 자리 수)×(두 자리 수)	괄호가 있는 자연수의 혼합 계산	(가분수)÷(자연수), (대분수)÷(자연수)
(몇백몇십)÷(몇십)	약수와 공약수, 배수와 공배수	(진분수)÷(진분수)
(두 자리 수)÷(몇십)	공약수와 최대공약수	(자연수)÷(진분수)
(세 자리 수)÷(몇십)	공배수와 최소공배수	(가분수)÷(진분수), (대분수)÷(진분수)
(두 자리 수)÷(두 자리 수)	약분과 통분	각 자리에서 나누어떨어지지 않는 (소수)÷(자연수)
몫이 한 자리 수인 (세 자리 수)÷(두 자리 수)	분모가 다른 진분수의 덧셈	0을 내리거나 몫에 00이 포함된 (소수)÷(자연수)
몫이 두 자리 수인 (세 자리 수)÷(두 자리 수)	분모가 다른 대분수의 덧셈	몫이 소수인 (자연수)÷(자연수)
	분모가 다른 진분수의 뺄셈	비와 비율
	분모가 다른 대분수의 뺄셈	백분율

4 - 2	5 - 2	6 - 2
대분수를 가분수로, 가분수를 대분수로 나타내기	어림하기	자릿수가 같은 (소수)÷(소수)
진분수의 덧셈	(분수)×(자연수)	자릿수가 다른 (소수)÷(소수)
대분수의 덧셈	(자연수)×(분수)	(자연수)÷(소수)
진분수의 뺄셈	(진분수)×(진분수)	몫을 반올림하여 나타내기
받아내림이 없는 대분수의 뺄셈	(대분수)×(대분수)	나누어 주고 남는 양
(자연수)-(분수)	세 분수의 곱셈	자연수, 분수, 소수의 혼합 계산
받아내림이 있는 대분수의 뺄셈	소수와 자연수의 곱셈	간단한 자연수의 비로 나타내기
자릿수가 같은 소수의 덧셈	(소수)×(소수)	비례식
자릿수가 다른 소수의 덧셈	분수와 소수의 혼합 계산	비례배분
자릿수가 같은 소수의 뺄셈		
자릿수가 다른 소수의 뺄셈		

46일 완성, 연산 지도법

단계	공부 내용	이렇게 지도해요	공부 날	쪽수
1단계	(몇십)×(몇십), (몇십몇)×(몇십)	(몇십)을 곱하는 식의 계산 방법을 익힙니다. 곱하는 (몇십)에서 몇을 먼저 곱하고 10을 곱하면 됨을 이해시켜주세요.	DAY 1	10 쪽
			DAY 2	12 쪽
			DAY 3	14 쪽
			DAY 4	16 쪽
2단계	올림이 한 번 있는 (몇십몇)×(몇십몇)	올림이 있는 (몇십몇)×(몇십몇)을 학습합니다. 곱해지는 몇십몇을 몇십과 몇으로 나누어 (몇십몇)×(몇십)과 (몇십몇)×(몇)의 덧셈으로 나타내면 됨을 알아보고 곱셈의 원리에 대해 충분히 이해할 수 있도록 지도해 주세요.	DAY 5	22 쪽
			DAY 6	24 쪽
			DAY 7	26 쪽
3단계	올림이 여러 번 있는 (몇십몇)×(몇십몇)		DAY 8	28 쪽
			DAY 9	30 쪽
			DAY 10	36 쪽
			DAY 11	38 쪽
			DAY 12	40 쪽
			DAY 13	42 쪽
			DAY 14	44 쪽
4단계	(몇십)÷(몇), (몇백몇십)÷(몇)	(몇십)÷(몇)과 (몇백몇십)÷(몇)의 나눗셈을 충분히 풀어보고 원리를 파악합니다. (몇)÷(몇), (몇십몇)÷(몇)과 비교해보며 나누어지는 수가 10배가 되면 몫도 10배가 됨을 이해합니다.	DAY 15	50 쪽
			DAY 16	52 쪽
			DAY 17	54 쪽
			DAY 18	56 쪽
5단계	내림이 없고 나머지가 없는 (두 자리 수)÷(한 자리 수)	(두 자리 수)÷(한 자리 수)의 계산입니다. 나누어지는 수의 자릿값이 큰 수부터 순서대로 나누도록 지도해 주세요.	DAY 19	62 쪽
			DAY 20	64 쪽
			DAY 21	66 쪽
			DAY 22	68 쪽

단계	공부 내용	이렇게 지도해요	공부 날	쪽수
6단계	내림이 있고 나머지가 없는 (두 자리 수)÷(한 자리 수)	내림이 있는 (두 자리 수)÷(한 자리 수)의 계산입니다. 나누어지는 수의 자릿값이 큰 수부터 나누고, 남은 수는 다음 자릿수로 내려서 나누도록 지도해 주세요.	DAY 23	74 쪽
			DAY 24	76 쪽
			DAY 25	78 쪽
			DAY 26	80 쪽
			DAY 27	82 쪽
7단계	내림이 없고 나머지가 있는 (두 자리 수)÷(한 자리 수)	나머지가 있는 (두 자리 수)÷(한 자리 수)의 계산입니다. 나누어지는 수의 자릿값이 큰 수부터 순서대로 나누고, 남은 수가 나누는 수보다 작은지 확인하도록 지도해 주세요.	DAY 28	88 쪽
			DAY 29	90 쪽
			DAY 30	92 쪽
			DAY 31	94 쪽
8단계	내림이 있고 나머지가 있는 (두 자리 수)÷(한 자리 수)	내림이 있고 나머지가 있는 (두 자리 수)÷(한 자리 수)의 계산입니다. 내림과 나머지에 주의하며 문제를 풀도록 지도하고 나눗셈의 원리에 대해 이해시켜주세요.	DAY 32	100 쪽
			DAY 33	102 쪽
			DAY 34	104 쪽
			DAY 35	106 쪽
			DAY 36	108 쪽
9단계	백의 자리부터 몫을 구하는 (세 자리 수)÷(한 자리 수)	백의 자리부터 몫을 구하는 (세 자리 수)÷(한 자리 수)의 계산입니다. 나누어지는 수의 백의 자리 수부터 나누어보며 나눗셈의 원리에 대해 파악할 수 있도록 지도해 주세요.	DAY 37	114 쪽
			DAY 38	116 쪽
			DAY 39	118 쪽
			DAY 40	120 쪽
			DAY 41	122 쪽
10단계	백의 자리 수가 나누는 수보다 작은 (세 자리 수)÷(한 자리 수)	백의 자리 수가 나누는 수보다 작은 (세 자리 수)÷(한 자리 수)의 계산입니다. 백의 자리 수를 나눌 수 없으므로 십의 자리 수와 함께 나누는 방법을 알아보며 나눗셈의 원리를 완벽하게 익힐 수 있도록 지도해 주세요.	DAY 42	128 쪽
			DAY 43	130 쪽
			DAY 44	132 쪽
			DAY 45	134 쪽
			DAY 46	136 쪽

01

(몇십)×(몇십), (몇십몇)×(몇십)

나눗셈의 몫 구하기

(몇십)×(몇십), (몇십몇)×(몇십)

올림이 한 번 있는 (몇십몇)×(몇십몇)

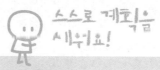

❶ **먼저 설명해 주세요.**

(몇십)을 곱하는 식의 계산 방법을 배우는 단계입니다.
그림을 보고 원리를 파악하여 (몇십)을 곱하는 것은
(몇)×10을 곱하는 것과 같다는 사실을 이해합니다.

❷ **수를 이해하며 계산해요.**

설명과 이어지는 그림을 이용하여 Day1에서
재미있게 문제를 풉니다.

❸ **충분히 연습해요.**

Day2 ~ Day4의 문제 풀이를 통해 곱하는 수가
몇십인 곱셈을 충분히 다뤄 봅니다.

공부할 날짜	목표 시간	복습할 날짜
Day **01** 46 월 / 일	분 / 10개	월 / 일
Day **02** 46 월 / 일	분 / 29개	월 / 일
Day **03** 46 월 / 일	분 / 34개	월 / 일
Day **04** 46 월 / 일	분 / 34개	월 / 일

선생님의 칠판

곱하는 수가 10배면 곱도 10배가 돼!

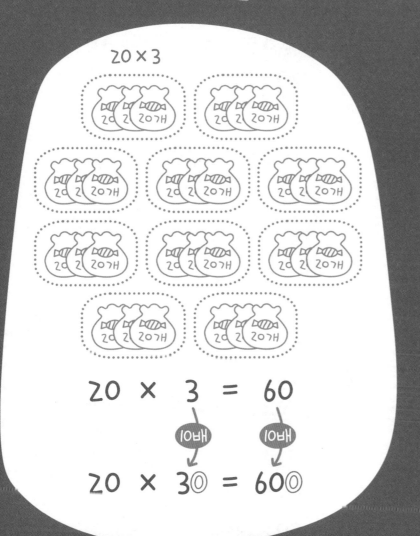

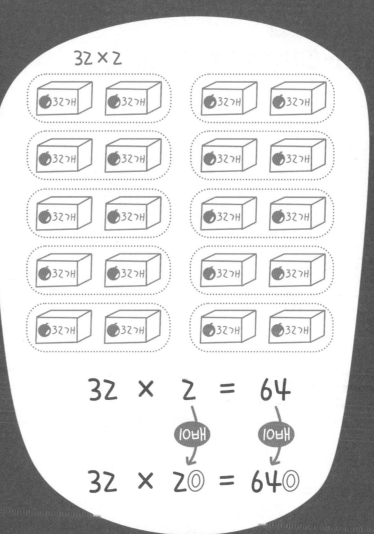

Day 01

10개의 묶음으로 생각해서
(몇십)×(몇십)과
(몇십몇)×(몇십)의 값을 구해 봐.

❶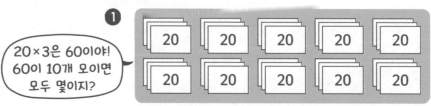

20×3은 60이야!
60이 10개 모이면
모두 몇이지?

$20 \times 3 =$ _____

→ $20 \times 30 =$ _____ × __10__ = _____

❷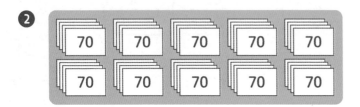

$70 \times 4 =$ _____

→ $70 \times 40 =$ _____ × _____ = _____

❸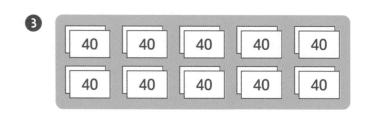

$40 \times 2 =$ _____

→ $40 \times 20 =$ _____ × _____ = _____

❹

30 30 30 30 30
30 30 30 30 30

$30 \times 3 =$ _____

→ $30 \times 30 =$ _____ × _____ = _____

❺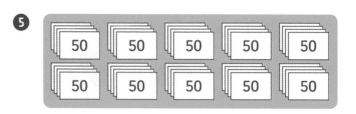

$50 \times 4 =$ _____

→ $50 \times 40 =$ _____ × _____ = _____

6

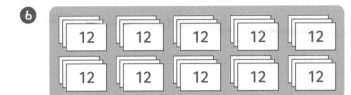

12 × 3 = _____

→ 12 × 30 = _____ × _____ = _____

7

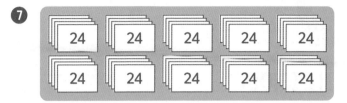

24 × 4 = _____

→ 24 × 40 = _____ × _____ = _____

8

74 × 2 = _____

→ 74 × 20 = _____ × _____ = _____

9

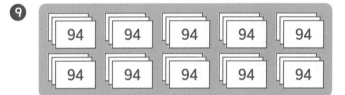

94 × 3 = _____

→ 94 × 30 = _____ × _____ = _____

10

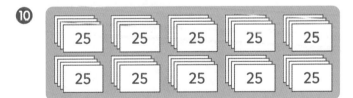

25 × 4 = _____

→ 25 × 40 = _____ × _____ = _____

곱하는 수가
10배가 되니까 계산한
값도 10배가 되네!

공부 끝!

맞힌 개수

부모님 확인

/10개

오늘의 숫자 **74**에 색칠하세요.

Day 02

0만 따로 떼어서 계산하면 쉬워.

두 수의 0의 개수만큼
0을 먼저 써 봐.

		4	0
×		7	0
2	8	0	0

0이 2개

그리고 0을 뗀 수끼리 곱해서
0의 앞에 쓰면 돼.

❶
		1	3
×		3	0
			0

0이 한 개일 때도 똑같이 계산해.

❷
		9	0
×		4	0

❸
		5	4
×		3	0

❹
		8	0
×		8	0

❺
		4	5
×		4	0

❻
		9	0
×		3	0

❼
		6	6
×		2	0

❽
		8	0
×		6	0

❾
		1	9
×		5	0

❿
		3	0
×		3	0

⓫
		8	8
×		4	0

⓬
		7	0
×		8	0

⓭
		4	7
×		3	0

월 일 /10 분

0을 뗀 수끼리
먼저 계산하고
나중에 0을 붙여 봐.

0을 뗀 수끼리 먼저 곱해.

$3 \times 5 = 15$

$30 \times 50 = 1500$

0이 2개

그리고 두 수의
0의 개수만큼 0을 붙여.

⑭ 41 × 20

0이 한 개일 때도
똑같이 계산해.

⑮ 20 × 40

⑯ 17 × 70

⑰ 70 × 40

⑱ 82 × 50

⑲ 50 × 20

⑳ 55 × 20

㉑ 20 × 20

㉒ 73 × 30

㉓ 40 × 30

㉔ 87 × 70

㉕ 90 × 90

㉖ 22 × 20

㉗ 30 × 60

㉘ 24 × 50

㉙ 80 × 20

(몇십) × (몇십), (몇십몇) × (몇십)

공부 끝!

맞힌 개수

부모님 확인

/29개

오늘의 숫자 **32**에 색칠하세요.

Day 03

몇십의 0은 몇에
10이 곱해졌음을 의미해.

❶
```
    8 0
×   3 0
─────
    0 0
```

❷
```
    2 0
×   7 0
─────
```

❸
```
    5 0
×   5 0
─────
```

❹
```
    2 4
×   2 0
─────
```

❺
```
    6 1
×   3 0
─────
```

❻
```
    8 4
×   5 0
─────
```

❼
```
    1 7
×   4 0
─────
```

❽
```
    4 0
×   9 0
─────
```

❾
```
    7 0
×   6 0
─────
```

❿
```
    6 0
×   6 0
─────
```

⓫
```
    5 0
×   3 0
─────
```

⓬
```
    2 3
×   4 0
─────
```

⓭
```
    7 7
×   8 0
─────
```

⓮
```
    5 1
×   9 0
─────
```

⓯
```
    1 8
×   2 0
─────
```

⓰ 32 × 50

⓱ 41 × 40

⓲ 31 × 80

⓳ 17 × 60

⓴ 70 × 30

㉑ 40 × 80

㉒ 50 × 70

㉓ 60 × 40

㉔ 23 × 90

㉕ 72 × 40

㉖ 62 × 70

㉗ 35 × 40

㉘ 80 × 70

㉙ 40 × 20

㉚ 30 × 50

㉛ 90 × 20

㉜ 64 × 40

㉝ 23 × 60

㉞ 71 × 90

공부 끝!

맞힌 개수

부모님 확인

/34개

오늘의 숫자 **50**에 색칠하세요.

Day 04

몇을 곱한 후에
오른쪽 끝에
0을 붙이는 걸 잊지 마.

❶
$$\begin{array}{r} 70 \\ \times\ 70 \\ \hline 00 \end{array}$$

❷
$$\begin{array}{r} 50 \\ \times\ 80 \\ \hline \end{array}$$

❸
$$\begin{array}{r} 30 \\ \times\ 90 \\ \hline \end{array}$$

❹
$$\begin{array}{r} 13 \\ \times\ 80 \\ \hline \end{array}$$

❺
$$\begin{array}{r} 27 \\ \times\ 50 \\ \hline \end{array}$$

❻
$$\begin{array}{r} 31 \\ \times\ 60 \\ \hline \end{array}$$

❼
$$\begin{array}{r} 58 \\ \times\ 30 \\ \hline \end{array}$$

❽
$$\begin{array}{r} 60 \\ \times\ 20 \\ \hline \end{array}$$

❾
$$\begin{array}{r} 50 \\ \times\ 90 \\ \hline \end{array}$$

❿
$$\begin{array}{r} 40 \\ \times\ 60 \\ \hline \end{array}$$

⓫
$$\begin{array}{r} 70 \\ \times\ 50 \\ \hline \end{array}$$

⓬
$$\begin{array}{r} 27 \\ \times\ 90 \\ \hline \end{array}$$

⓭
$$\begin{array}{r} 83 \\ \times\ 20 \\ \hline \end{array}$$

⓮
$$\begin{array}{r} 76 \\ \times\ 60 \\ \hline \end{array}$$

⓯
$$\begin{array}{r} 45 \\ \times\ 20 \\ \hline \end{array}$$

⑯ 24 × 30

⑰ 65 × 40

⑱ 74 × 50

⑲ 17 × 20

⑳ 50 × 40

㉑ 90 × 80

㉒ 70 × 20

㉓ 60 × 30

㉔ 16 × 40

㉕ 27 × 70

㉖ 13 × 40

㉗ 35 × 20

㉘ 80 × 40

㉙ 60 × 90

㉚ 20 × 50

㉛ 40 × 50

㉜ 35 × 60

㉝ 65 × 80

㉞ 38 × 40

(몇십) × (몇십), (몇십몇) × (몇십)

공부 끝!

맞힌 개수

부모님 확인

/34개

오늘의 숫자 69에 색칠하세요.

연산 놀이터

똑같이 생긴 눈사람을 찾아 두 눈사람에 쓰인 수를 곱해 봐.

두 수의 곱

02

올림이 한 번 있는
(몇십몇)×(몇십몇)

이번에는 무엇을 배울까?

(몇십)×(몇십),
(몇십몇)×(몇십)

올림이 한 번 있는
(몇십몇)×(몇십몇)

올림이 여러 번 있는
(몇십몇)×(몇십몇)

이렇게 지도해요!

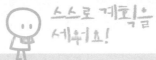
스스로 계획을 세워요!

❶ 먼저 설명해 주세요.

(몇십몇)×(몇십몇)의 곱을 (몇십몇)×(몇십)과
(몇십몇)×(몇)으로 나누어 계산하는 법을 그림으로
나타내었습니다. 아이와 함께 살펴보면서
곱셈의 원리를 이해합니다.

❷ 수를 이해하며 계산해요.

설명과 이어지는 그림을 이용하여 Day5에서
재미있게 문제를 풉니다.

❸ 충분히 연습해요.

Day6 ~ Day9의 문제 풀이를 통해 곱셈의 원리에
대해 깨닫고 (몇십몇)×(몇십몇)의 계산을
충분히 다뤄 봅니다.

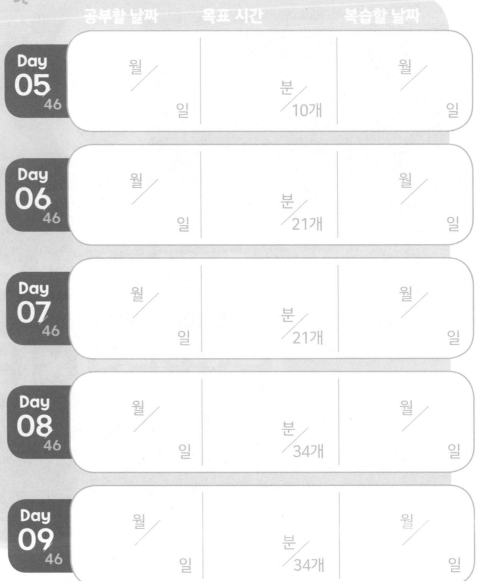

	공부할 날짜	목표 시간	복습할 날짜
Day 05 46	월 / 일	분 / 10개	월 / 일
Day 06 46	월 / 일	분 / 21개	월 / 일
Day 07 46	월 / 일	분 / 21개	월 / 일
Day 08 46	월 / 일	분 / 34개	월 / 일
Day 09 46	월 / 일	분 / 34개	월 / 일

(몇십몇) × (몇십몇)을 할 때는
(몇십몇) × (몇)과 (몇십몇) × (몇십)을 더해.

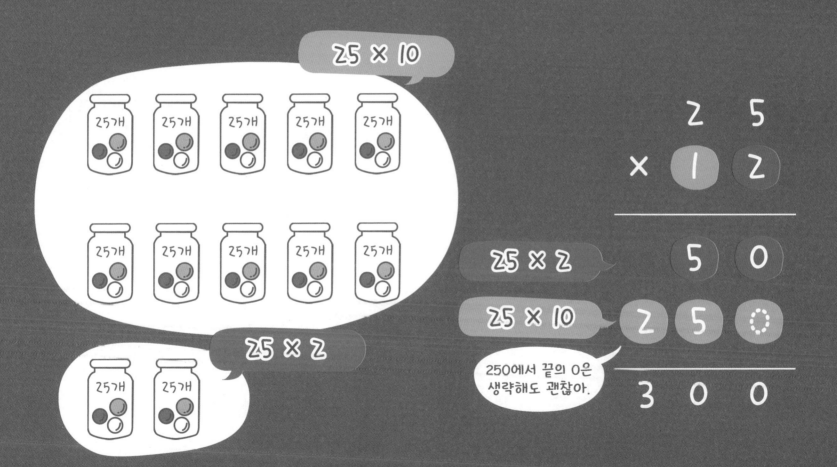

Day 05

곱하는 수를
몇십과 몇으로 갈라서
각각 곱한 후 더해 보자.

❶

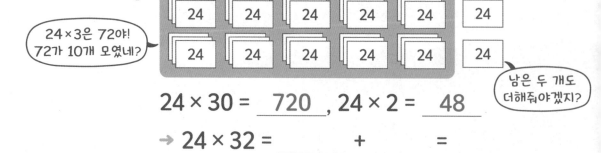

24 × 3은 72야!
72가 10개 모였네?

남은 두 개도
더해줘야겠지?

24 × 30 = ___720___, 24 × 2 = ___48___

→ 24 × 32 = _____ + _____ = _____

❷

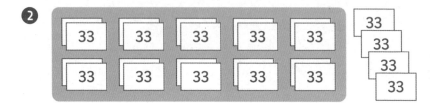

33 × 20 = _____, 33 × 4 = _____

→ 33 × 24 = _____ + _____ = _____

❸

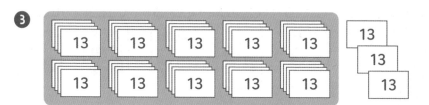

13 × 40 = _____, 13 × 3 = _____

→ 13 × 43 = _____ + _____ = _____

❹

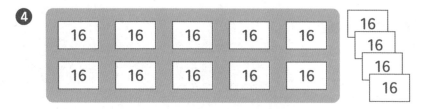

16 × 10 = _____, 16 × 4 = _____

→ 16 × 14 = _____ + _____ = _____

❺

42 × 30 = _____, 42 × 1 = _____

→ 42 × 31 = _____ + _____ = _____

6

24 24 24 24 24   24
                  24
24 24 24 24 24   24

24 × 20 = _____ , 24 × 3 = _____

→ 24 × 23 = _____ + _____ = _____

7

43 43 43 43 43   43
43 43 43 43 43   43

43 × 30 = _____ , 43 × 2 = _____

→ 43 × 32 = _____ + _____ = _____

8

41 41 41 41 41   41
                  41
41 41 41 41 41   41

41 × 10 = _____ , 41 × 3 = _____

→ 41 × 13 = _____ + _____ = _____

9

72 72 72 72 72
72 72 72 72 72   72

72 × 40 = _____ , 72 × 1 = _____

→ 72 × 41 = _____ + _____ = _____

올림이 한 번 있는 (몇십몇) × (몇십몇)

10

14 14 14 14 14   14
                  14
14 14 14 14 14   14
                  14

14 × 20 = _____ , 14 × 4 = _____

→ 14 × 24 = _____ + _____ = _____

10개 묶음 옆의 남은 수도 더하는 것 잊지 마!

공부 끝!

맞힌 개수

부모님 확인

/10개

오늘의 숫자 **80**에 색칠하세요.

Day 06

곱하는 수 (몇십몇)을
(몇)과 (몇십)으로
나누어 생각해 보자.

		1	9
×		1	3
		5	7	19×3
	1	9	0	19×10
	2	4	7

57+190

❶

		1	3
×		3	6
		7	8
	3	9	0

 일의 자리의 0은 생략 할 수 있어.

❷

		1	4
×		4	2

❸

		5	2
×		3	1

❹

		1	3
×		5	3

❺

		8	4
×		1	2

❻

		6	2
×		4	1

❼

		4	5
×		1	2

❽

		2	1
×		8	3

❾

		1	7
×		4	1

❿

		9	1
×		1	4

월   일   /11 분

⑪
```
      3 7
×     2 1
```

⑫
```
      1 2
×     8 3
```

⑬
```
      7 2
×     1 3
```

⑭
```
      5 4
×     2 1
```

⑮
```
      4 1
×     7 2
```

⑯
```
      8 2
×     3 1
```

⑰
```
      2 8
×     2 1
```

⑱
```
      6 1
×     9 1
```

⑲
```
      3 6
×     2 1
```

⑳
```
      6 1
×     1 5
```

㉑
```
      3 2
×     4 3
```

공부 끝!

맞힌 개수

부모님 확인

/21개

오늘의 숫자 **34**에 색칠하세요.

Day 07

가로 셈은
세로 셈으로 바꾸면
쉽게 계산할 수 있어.

$52 \times 14 = 728$

```
      5  2
 ×    1  4
   2  0  8   ← 52×4
   5  2  0   ← 52×10
   7  2  8   ← 208+520
```

❶ $17 \times 31 =$

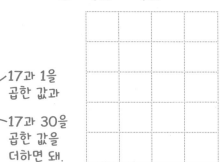

```
      1  7
 ×    3  1
      1  7   ← 17과 1을 곱한 값과
   5  1  0   ← 17과 30을 곱한 값을 더하면 돼.
```

❷ $42 \times 42 -$

❸ $92 \times 14 =$

❹ $63 \times 31 =$

❺ $16 \times 51 =$

❻ $63 \times 21 =$

❼ $21 \times 36 =$

❽ $21 \times 84 =$

❾ $71 \times 51 =$

❿ $42 \times 24 =$

⓫ 61 × 41 =

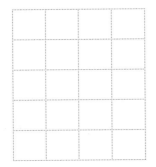

⓬ 73 × 21 =

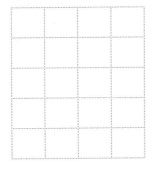

⓭ 23 × 43 =

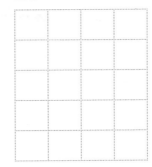

⓮ 81 × 18 =

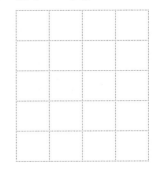

⓯ 72 × 41 =

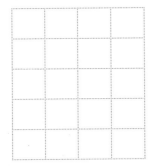

⓰ 84 × 21 =

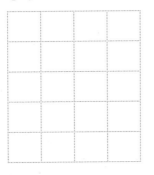

⓱ 13 × 93 =

⓲ 41 × 62 =

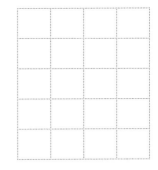

⓳ 93 × 13 =

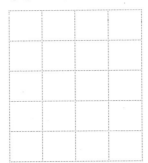

⓴ 37 × 13 =

㉑ 18 × 18 =

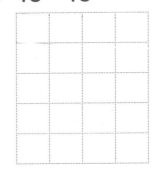

올림이 한 번 있는 (몇십몇) × (몇십몇)

공부 끝!

맞힌 개수

부모님 확인

/21개

오늘의 숫자 **90**에 색칠하세요.

Day 08

올림에 주의해서
곱셈을 해 보자.

❶
```
   4 2
×  1 4
```

❷
```
   3 2
×  4 1
```

❸
```
   3 1
×  8 2
```

❹
```
   7 3
×  3 1
```

❺
```
   5 3
×  3 1
```

❻
```
   2 3
×  4 1
```

❼
```
   7 4
×  1 2
```

❽
```
   3 2
×  4 2
```

❾
```
   4 2
×  2 3
```

❿
```
   3 1
×  8 3
```

⓫
```
   1 5
×  6 1
```

⓬
```
   2 7
×  1 3
```

⓭
```
   9 1
×  1 9
```

⓮
```
   5 3
×  2 1
```

⓯
```
   9 2
×  4 1
```

⑯ 41 × 41

⑰ 26 × 13

⑱ 31 × 38

⑲ 17 × 51

⑳ 64 × 21

㉑ 28 × 13

㉒ 72 × 14

㉓ 29 × 31

㉔ 81 × 91

㉕ 52 × 13

㉖ 81 × 61

㉗ 25 × 31

㉘ 27 × 21

㉙ 42 × 41

㉚ 63 × 13

㉛ 93 × 12

㉜ 72 × 31

㉝ 91 × 71

㉞ 47 × 12

(몇십몇) × (몇십몇) 올림이 한 번 있는

공부 끝!

맞힌 개수

부모님 확인

/34개

오늘의 숫자 **26**에 색칠하세요.

Day 09

몇십과 몇으로 나눠서
곱한 후에는 각각의
값을 꼭 더해 줘야 해.

①
```
    5 4
  ×  1 2
```

②
```
    1 3
  ×  3 7
```

③
```
    6 2
  ×  3 1
```

④
```
    4 2
  ×  3 1
```

⑤
```
    3 8
  ×  2 1
```

⑥
```
    2 4
  ×  4 2
```

⑦
```
    9 1
  ×  1 7
```

⑧
```
    2 4
  ×  4 1
```

⑨
```
    7 2
  ×  2 1
```

⑩
```
    3 9
  ×  1 2
```

⑪
```
    2 7
  ×  4 1
```

⑫
```
    8 3
  ×  1 3
```

⑬
```
    9 3
  ×  3 1
```

⑭
```
    2 8
  ×  3 1
```

⑮
```
    3 9
  ×  2 1
```

⑯ 61 × 21

⑰ 82 × 31

⑱ 73 × 12

⑲ 19 × 51

⑳ 16 × 16

㉑ 18 × 15

㉒ 47 × 21

㉓ 32 × 34

㉔ 23 × 42

㉕ 12 × 48

㉖ 29 × 21

㉗ 35 × 21

㉘ 74 × 21

㉙ 53 × 13

㉚ 41 × 42

㉛ 31 × 39

㉜ 62 × 14

㉝ 18 × 51

㉞ 92 × 13

올림이 한 번 있는 (몇십몇) × (몇십몇)

공부 끝!

맞힌 개수

부모님 확인

/34개

오늘의 숫자 51에 색칠하세요.

식과 답이 알맞게 이어지도록 사다리에 하나의 선을 추가해 봐.

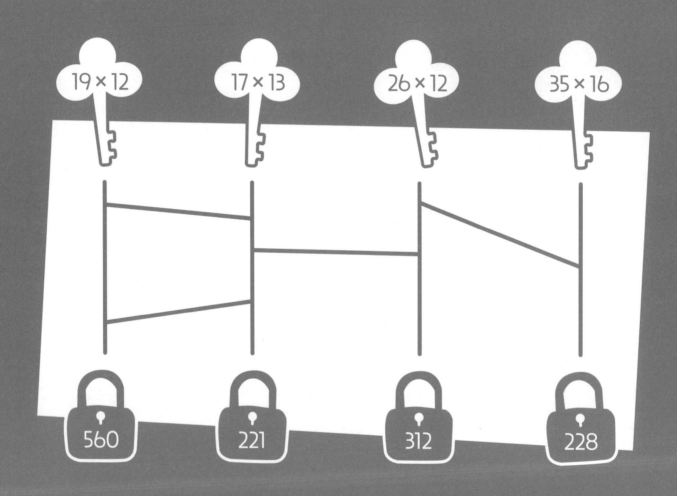

19 × 12 17 × 13 26 × 12 35 × 16

560 221 312 228

03

올림이 여러 번 있는 (몇십몇)×(몇십몇)

이번에는 무엇을 배울까?

올림이 한 번 있는
(몇십몇)×(몇십몇)

올림이 여러 번 있는
(몇십몇)×(몇십몇)

(몇십)÷(몇),
(몇백몇십)÷(몇)

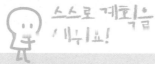
❶ **먼저 설명해 주세요.**

올림이 여러 번 있는 (몇십몇)×(몇십몇)의 곱을
(몇십몇)×(몇십)과 (몇십몇)×(몇)으로 나누어
계산하는 법을 그림으로 나타내었습니다. 아이와
함께 살펴보면서 곱셈의 원리를 이해합니다.

❷ **수를 이해하며 계산해요.**

설명과 이어지는 그림을 이용하여 Day10에서
재미있게 문제를 풉니다.

❸ **충분히 연습해요.**

Day11 ~ Day14의 문제 풀이를 통해
곱셈의 원리를 깨닫고, 올림이 여러 번 있는
(몇십몇)×(몇십몇)의 계산을 충분히 다뤄 봅니다.

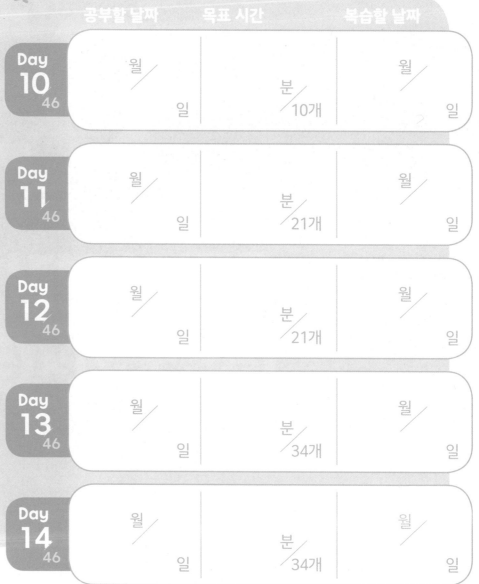

	공부할 날짜	목표 시간	복습할 날짜
Day 10 46	월 / 일	분 / 10개	월 / 일
Day 11 46	월 / 일	분 / 21개	월 / 일
Day 12 46	월 / 일	분 / 21개	월 / 일
Day 13 46	월 / 일	분 / 34개	월 / 일
Day 14 46	월 / 일	분 / 34개	월 / 일

(몇십몇) × (몇십몇)을 할 때는
(몇십몇) × (몇)과 (몇십몇) × (몇십)을 더해.

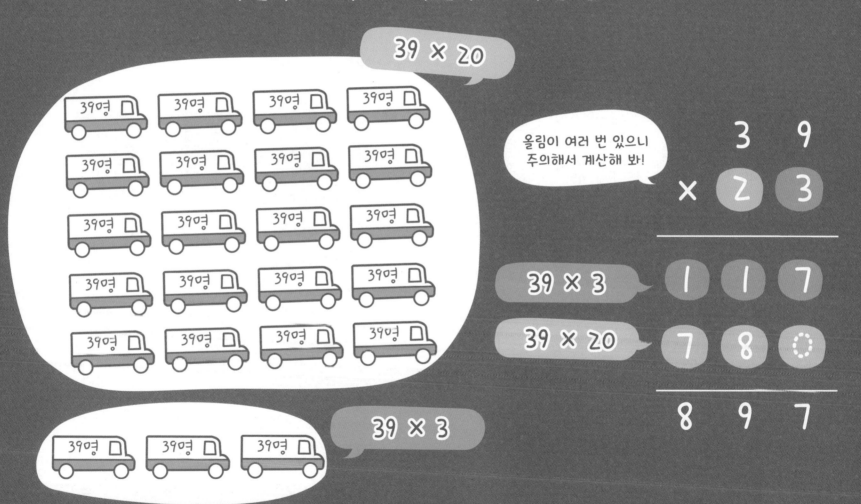

10개의 묶음으로 만들고
남은 (몇십몇)들을 더해서
값을 구해 보자.

❶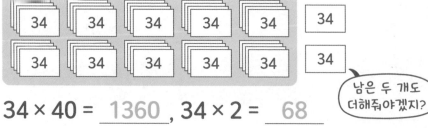

34 × 40 = _1360_ , 34 × 2 = _68_

→ 34 × 42 = _____ + _____ = _____

❷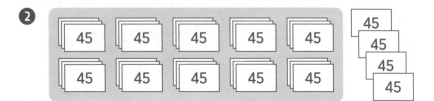

45 × 30 = _____ , 45 × 4 = _____

→ 45 × 34 = _____ + _____ = _____

❸

72 × 20 = _____ , 72 × 3 = _____

→ 72 × 23 = _____ + _____ = _____

❹

53 × 40 = _____ , 53 × 4 = _____

→ 53 × 44 = _____ + _____ = _____

❺

87 × 20 = _____ , 87 × 1 = _____

→ 87 × 21 = _____ + _____ = _____

❻

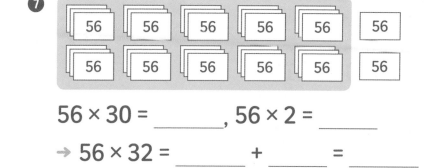

$64 \times 40 =$ _____ , $64 \times 1 =$ _____

➡ $64 \times 41 =$ _____ + _____ = _____

❼

$56 \times 30 =$ _____ , $56 \times 2 =$ _____

➡ $56 \times 32 =$ _____ + _____ = _____

❽

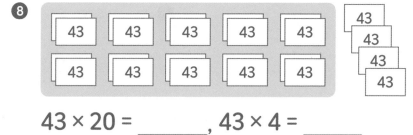

$43 \times 20 =$ _____ , $43 \times 4 =$ _____

➡ $43 \times 24 =$ _____ + _____ = _____

❾

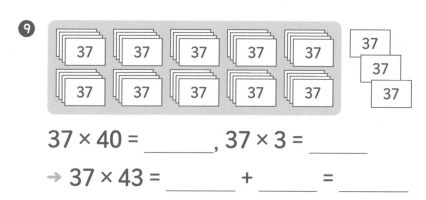

$37 \times 40 =$ _____ , $37 \times 3 =$ _____

➡ $37 \times 43 =$ _____ + _____ = _____

❿

올림이 여러 번 있으니까
주의해서 곱해 보자!

$22 \times 10 =$ _____ , $22 \times 6 =$ _____

➡ $22 \times 16 =$ _____ + _____ = _____

공부 끝!

맞힌 개수

부모님 확인

/10개

오늘의 숫자 **35**에 색칠하세요.

(몇십몇)×(몇)과
(몇십몇)×(몇십)으로
계산하고 두 값을 더해 봐.

		2	4
×		6	3
		7	2	← 24×3
1	4	4	0	← 24×60
1	5	1	2

72+1440

❶
		2	7
×		4	2
		5	4
1	0	8	0

올림이 여러 번 있으니 주의해!

❷
		9	3
×		2	4

❸
		3	7
×		5	1

❹
		1	2
×		8	5

❺
		7	2
×		2	3

❻
		5	4
×		3	2

❼
		4	5
×		2	6

❽
		8	2
×		2	2

❾
		2	8
×		6	1

❿
		6	5
×		2	1

⑪

		8	4
×		2	4

⑫

		3	2
×		4	5

⑬

		7	2
×		2	6

⑭

		4	6
×		3	7

⑮

		5	3
×		8	8

⑯

		1	3
×		8	4

⑰

		8	4
×		1	6

⑱

		6	2
×		4	7

⑲

		4	5
×		7	2

⑳

		2	1
×		5	9

㉑

		4	4
×		4	4

올림이 여러 번 있는 (몇십몇) × (몇십몇)

공부 끝!

맞힌 개수

부모님 확인

/21개

오늘의 숫자 **49**에 색칠하세요.

Day 12

가로 셈을 세로 셈으로
바꾸면 쉽게
계산할 수 있어!

92 × 63 = 5796

```
        9  2
   ×    6  3
        2  7  6  ← 92 × 3
  5  5  2  0  ← 92 × 60
  5  7  9  6
```
276 + 5520

❶ 23 × 84 =

```
        2  3
   ×    8  4
        9  2  ← 23과 4를
 1  8  4  0  ← 곱한 값과
             23과 80을
             곱한 값을
             더하면 돼.
```

❷ 52 × 19 =

❸ 63 × 81 =
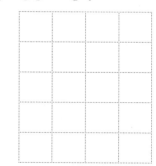

❹ 88 × 21 =
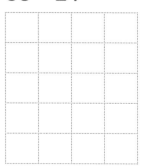

❺ 78 × 32 =
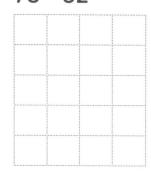

❻ 61 × 42 =
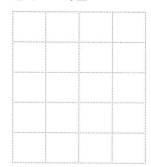

❼ 73 × 61 =

❽ 16 × 52 =
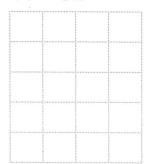

❾ 54 × 27 =
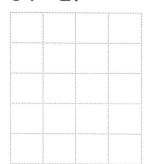

❿ 36 × 41 =
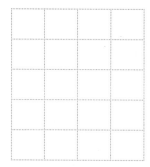

⑪ 92 × 25 =

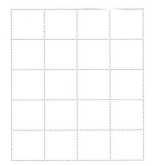

⑫ 33 × 43 =

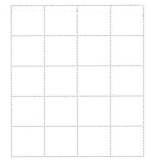

⑬ 18 × 62 =

⑭ 72 × 51 =

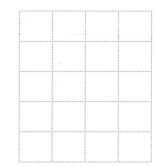

⑮ 66 × 13 =

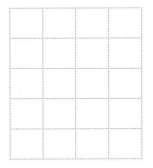

⑯ 86 × 21 =

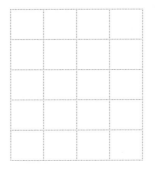

⑰ 63 × 15 =

⑱ 32 × 47 =

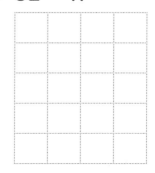

⑲ 17 × 72 =

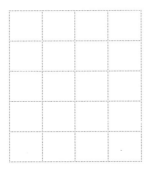

⑳ 54 × 13 =

㉑ 67 × 31 =

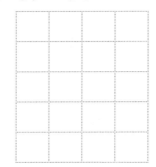

(몇십몇) × (몇십몇)이 올림이 여러 번 있는

공부 끝!

맞힌 개수

/21개

부모님 확인

오늘의 숫자 **2**에 색칠하세요.

여러 번의 올림에
주의해서 계산해 봐.

❶   8 6
  × 4 1

❷    3 5
  × 4 1

❸    7 4
  × 1 6

❹   2 4
  × 6 5

❺   5 6
  × 1 5

❻   4 2
  × 2 6

❼   3 2
  × 9 1

❽   3 6
  × 8 2

❾   2 7
  × 1 6

❿   4 6
  × 6 1

⓫   9 2
  × 2 9

⓬   5 5
  × 5 1

⓭   9 2
  × 1 5

⓮   3 3
  × 4 7

⓯   2 6
  × 5 1

⑯ 42 × 27　　⑰ 32 × 83　　⑱ 35 × 71　　⑲ 65 × 83

⑳ 28 × 16　　㉑ 71 × 59　　㉒ 59 × 21　　㉓ 32 × 46

㉔ 26 × 17　　㉕ 34 × 38　　㉖ 27 × 61　　㉗ 76 × 24

㉘ 99 × 72　　㉙ 47 × 16　　㉚ 38 × 18　　㉛ 85 × 91

㉜ 52 × 29　　㉝ 88 × 61　　㉞ 25 × 41

(몇십몇) × (몇십몇)을 계산할 수 있어요 (받아올림)

공부 끝!

맞힌 개수

부모님 확인

/34개

오늘의 숫자 **75**에 색칠하세요.

곱하는 수를 몇과 몇십으로
나눠서 계산한 후에는
각 값을 꼭 더해 줘야 해.

❶
```
  2 7
× 6 3
```

❷
```
  4 2
× 8 3
```

❸
```
  6 3
× 1 6
```

❹
```
  9 3
× 1 4
```

❺
```
  3 6
× 4 2
```

❻
```
  7 2
× 1 5
```

❼
```
  4 7
× 4 9
```

❽
```
  3 6
× 3 6
```

❾
```
  6 5
× 7 1
```

❿
```
  5 2
× 6 1
```

⓫
```
  8 7
× 4 8
```

⓬
```
  6 7
× 5 2
```

⓭
```
  2 7
× 9 2
```

⓮
```
  9 8
× 1 5
```

⓯
```
  2 4
× 7 2
```

⑯ 93 × 69

⑰ 78 × 22

⑱ 69 × 24

⑲ 27 × 49

⑳ 83 × 16

㉑ 18 × 69

㉒ 76 × 42

㉓ 58 × 27

㉔ 39 × 16

㉕ 64 × 24

㉖ 82 × 36

㉗ 74 × 15

㉘ 17 × 73

㉙ 66 × 27

㉚ 58 × 25

㉛ 47 × 32

㉜ 32 × 77

㉝ 41 × 43

㉞ 32 × 49

공부 끝!

맞힌 개수

부모님 확인

/34개

오늘의 숫자 24에 색칠하세요.

에서 🐸를 만나면 뛰어넘을 수 있고 🪨은 뛰어넘을 수 없어.
길을 찾아 총 몇 m를 이동했는지 구해 봐.

출발 ➡

24 m

24 m

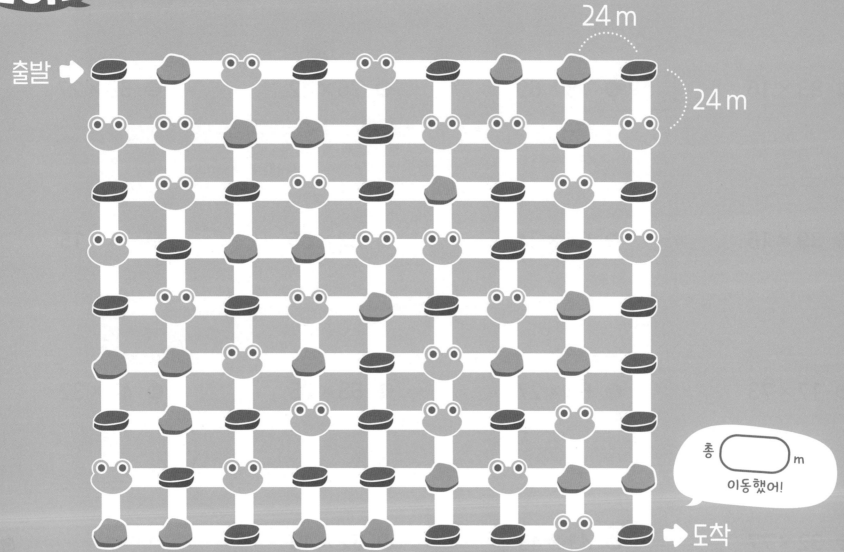

총 ⬭ m
이동했어!

➡ 도착

04

(몇십)÷(몇), (몇백몇십)÷(몇)

이번에는 무엇을 배울까?

올림이 여러 번 있는
(몇십몇)×(몇십몇)

(몇십)÷(몇),
(몇백몇십)÷(몇)

내림이 없고 나머지가 없는
(두 자리 수)÷(한 자리 수)

❶ 먼저 설명해 주세요.

(몇)÷(몇)을 통해 (몇십)÷(몇)을 배우는 과정을
수 모형을 이용한 그림으로 나타내었습니다.
그림과 식을 통해서 나누어지는 수가 10배가 되면
몫도 10배가 됨을 이해합니다.

❷ 수를 이해하며 계산해요.

설명과 이어지는 그림을 이용하여 Day15에서
재미있게 문제를 풉니다.

❸ 충분히 연습해요.

Day16~Day18의 문제 풀이를 통해
(몇십)÷(몇)과 (몇백몇십)÷(몇)의 나눗셈을 충분히
풀어 보고, 나눗셈의 세로 셈을 다뤄 보며 이후 학습할
나눗셈 연산의 기초를 다집니다.

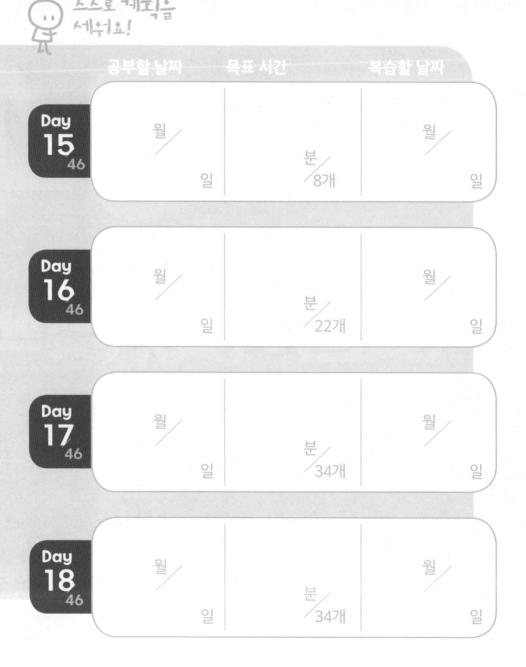

	공부할 날짜	목표 시간	복습할 날짜
Day 15 46	월 / 일	분 / 8개	월 / 일
Day 16 46	월 / 일	분 / 22개	월 / 일
Day 17 46	월 / 일	분 / 34개	월 / 일
Day 18 46	월 / 일	분 / 34개	월 / 일

선생님의 칠판

나누어지는 수가 10배가 되면 몫도 10배가 돼.

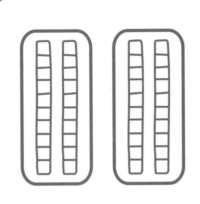

십 모형 4개를 2묶음으로 나누면 십 모형 2개

$$4 \div 2 = 2$$

$$40 \div 2 = 20$$

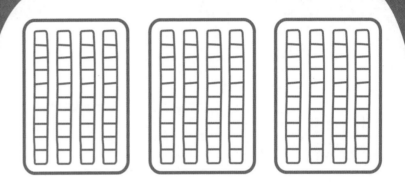

십 모형 12개를 3묶음으로 나누면 십 모형 4개

$$12 \div 3 = 4$$

$$120 \div 3 = 40$$

(몇십)÷(몇), (몇백몇십)÷(몇)

수 모형을 나누는 수만큼
똑같이 나누어 그려 보고
몇 개씩 나누어졌는지 써 보자.

❶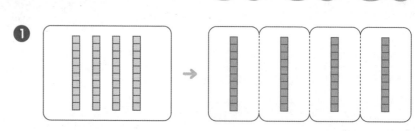

$40 \div 4 =$ ☐

나누어지는 수   나누는 수

❷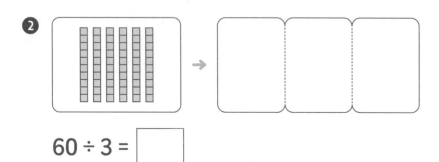

$60 \div 3 =$ ☐

❸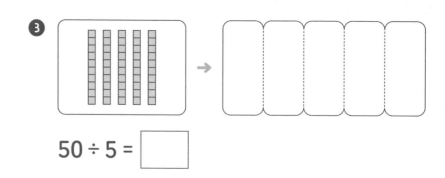

$50 \div 5 =$ ☐

❹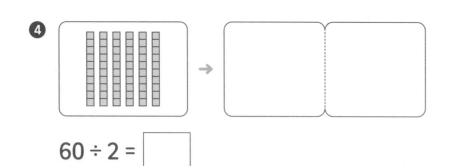

$60 \div 2 =$ ☐

❺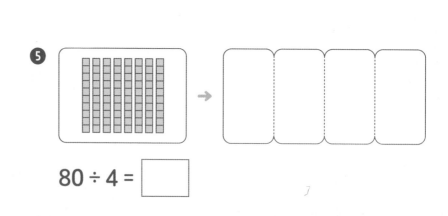

$80 \div 4 =$ ☐

❻

백 모형을
나눌 수 없으니까
십 모형 10개로
쪼개야겠는걸?

160 ÷ 4 = ☐

❼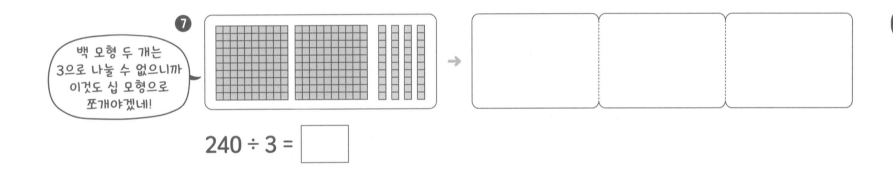

백 모형 두 개는
3으로 나눌 수 없으니까
이것도 십 모형으로
쪼개야겠네!

240 ÷ 3 = ☐

❽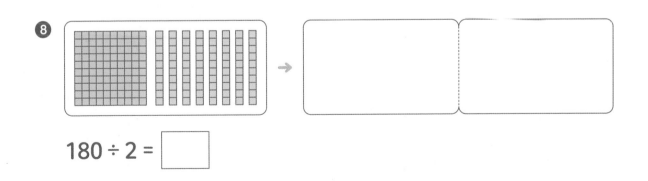

180 ÷ 2 = ☐

공부 끝!

맞힌 개수

부모님 확인

/8개

오늘의 숫자 **77**에 색칠하세요.

Day 16

나누어지는 수가
10배가 되면
몫도 따라서 10배가 돼.

나누어지는 수가
10배라면?

4 ÷ 2 = 2

10배 ↓   ↓ 10배

40 ÷ 2 = 20

몫도 10배!

(몇백몇십)÷(몇)도
똑같이 할 수 있어!

❶ 6 ÷ 2 = 3
→ 60 ÷ 2 =

❷ 9 ÷ 3 =
→ 90 ÷ 3 =

❸ 5 ÷ 5 =
→ 50 ÷ 5 =

❹ 8 ÷ 2 =
→ 80 ÷ 2 =

❺ 7 ÷ 7 =
→ 70 ÷ 7 =

❻ 6 ÷ 3 =
→ 60 ÷ 3 =

❼ 24 ÷ 3 = 8
→ 240 ÷ 3 =

❽ 25 ÷ 5 =
→ 250 ÷ 5 =

❾ 14 ÷ 7 =
→ 140 ÷ 7 =

❿ 18 ÷ 3 =
→ 180 ÷ 3 =

⓫ 12 ÷ 4 =
→ 120 ÷ 4 =

⓬ 42 ÷ 6 =
→ 420 ÷ 6 =

⓭ 81 ÷ 9 =
→ 810 ÷ 9 =

⓮ 32 ÷ 4 =
→ 320 ÷ 4 =

세로 셈으로도 나눗셈을 할 수 있어.

$$\square \div \triangledown = \bigcirc$$

나누는 수 나누어지는 수

⑮

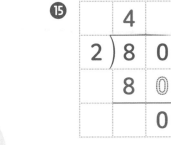

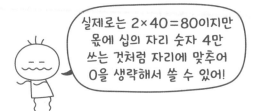

실제로는 2×40=80이지만 몫에 십의 자리 숫자 4만 쓰는 것처럼 자리에 맞추어 0을 생략해서 쓸 수 있어!

⑯

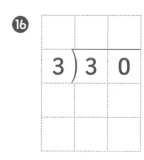

⑰

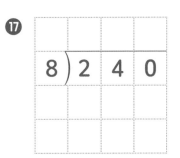

⑱

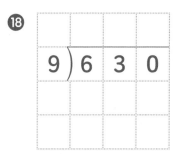

⑲

8) 5 6 0

⑳

6) 3 6 0

㉑

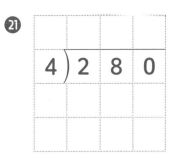

㉒

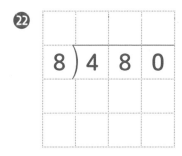

공부 끝!

맞힌 개수

부모님 확인

/22개

오늘의 숫자 **48**에 색칠하세요.

Day 17

나눗셈을 할 때는
자리에 맞게 수를 써야 해.

❶
$$4\overline{)80}$$
$$8$$

❷
$$2\overline{)20}$$

❸
$$7\overline{)70}$$

❹
$$2\overline{)40}$$

❺
$$3\overline{)90}$$

❻
$$4\overline{)40}$$

❼
$$6\overline{)60}$$

❽
$$5\overline{)250}$$

❾
$$9\overline{)180}$$

❿
$$3\overline{)120}$$

⓫
$$2\overline{)180}$$

⓬
$$4\overline{)240}$$

⓭
$$4\overline{)280}$$

⓮
$$6\overline{)180}$$

⓯
$$7\overline{)420}$$

⑯ 30 ÷ 3　　⑰ 80 ÷ 8　　⑱ 90 ÷ 9　　⑲ 70 ÷ 7

⑳ 90 ÷ 3　　㉑ 50 ÷ 5　　㉒ 60 ÷ 2　　㉓ 60 ÷ 3

㉔ 160 ÷ 8　　㉕ 270 ÷ 9　　㉖ 360 ÷ 9　　㉗ 150 ÷ 3

㉘ 420 ÷ 7　　㉙ 280 ÷ 7　　㉚ 630 ÷ 9　　㉛ 120 ÷ 6

㉜ 480 ÷ 6　　㉝ 810 ÷ 9　　㉞ 640 ÷ 8

공부 끝!

맞힌 개수

부모님 확인

/34개

오늘의 숫자 23에 색칠하세요.

Day 18

**나누는 수가 같을 때
나누어지는 수가 10배면
몫도 10배야!**

❶
```
  2) 2 0
     2
```

❷
```
  3) 6 0
```

❸
```
  4) 4 0
```

❹
```
  3) 9 0
```

❺
```
  6) 6 0
```

❻
```
  4) 8 0
```

❼
```
  3) 3 0
```

❽
```
  8) 1 6 0
```

❾
```
  9) 6 3 0
```

❿
```
  8) 7 2 0
```

⓫
```
  2) 1 4 0
```

⓬
```
  6) 5 4 0
```

⓭
```
  4) 3 2 0
```

⓮
```
  5) 1 5 0
```

⓯
```
  7) 4 9 0
```

⑯ 20 ÷ 2　　⑰ 60 ÷ 2　　⑱ 80 ÷ 4　　⑲ 70 ÷ 7

⑳ 80 ÷ 2　　㉑ 40 ÷ 2　　㉒ 50 ÷ 5　　㉓ 90 ÷ 9

㉔ 420 ÷ 6　　㉕ 360 ÷ 9　　㉖ 120 ÷ 4　　㉗ 560 ÷ 7

㉘ 270 ÷ 9　　㉙ 450 ÷ 5　　㉚ 630 ÷ 7　　㉛ 320 ÷ 8

㉜ 360 ÷ 6　　㉝ 350 ÷ 5　　㉞ 280 ÷ 7

(몇십) ÷ (몇), (몇십몇) ÷ (몇)
(몇백몇십) ÷ (몇)

공부 끝!

맞힌 개수

부모님 확인

/34개

오늘의 숫자 **76**에 색칠하세요.

연산
놀이터

160 L의 물을 파이프에 부었어.
파이프가 두 갈래로 나뉠 때, 양쪽에 같은 양의 물이 흐른다면
각 양동이에 몇 L의 물이 담기게 될까?

05

내림이 없고 나머지가 없는
(두 자리 수)÷(한 자리 수)

이번에는 무엇을 배울까?

(몇십)÷(몇),
(몇백몇십)÷(몇)

내림이 없고 나머지가 없는
(두 자리 수)÷(한 자리 수)

내림이 있고 나머지가 없는
(두 자리 수)÷(한 자리 수)

❶ 먼저 설명해 주세요.

수 모형과 식을 통해 (두 자리 수)÷(한 자리 수)의
내용을 나타내었습니다. 직접 수 모형을 나누어 보며
나눗셈에 대한 원리를 생각해 봅니다.

❷ 수를 이해하며 계산해요.

설명과 이어지는 그림을 이용하여 Day19에서
재미있게 문제를 풉니다.

❸ 충분히 연습해요.

Day20 ~ Day22의 문제 풀이를 통해
(두 자리 수)÷(한 자리 수)를 계산하는 방법을
이해하고, 나눗셈의 원리와 방법을 익힙니다.

	공부할 날짜	목표 시간	복습할 날짜
Day 19 46	월 / 일	분 / 10개	월 / 일
Day 20 46	월 / 일	분 / 13개	월 / 일
Day 21 46	월 / 일	분 / 29개	월 / 일
Day 22 46	월 / 일	분 / 30개	월 / 일

선생님의 칠판

두 자리 수를 나눌 땐, 십의 자리를 먼저 나누고 일의 자리를 나누면 돼.

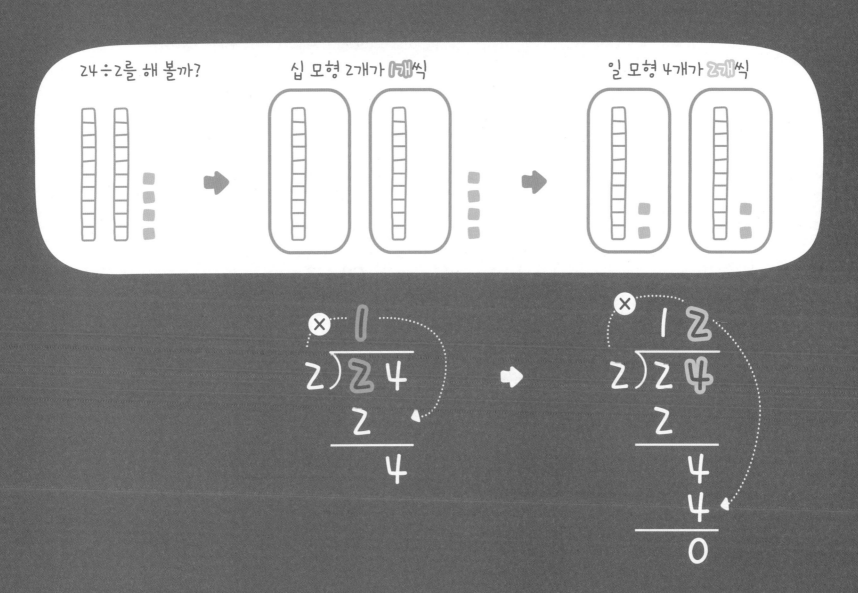

내림이 없고 나머지가 없는 (두 자리 수) ÷ (한 자리 수)

Day 19

십 모형과 일 모형을
나누어 그려서 계산해 봐.

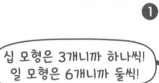

십 모형은 3개니까 하나씩!
일 모형은 6개니까 둘씩!

❶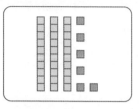

36 ÷ 3 = ☐

❷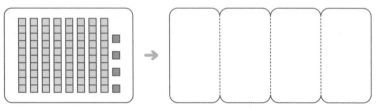

84 ÷ 4 = ☐

❸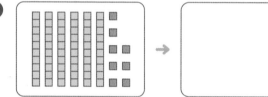

68 ÷ 2 = ☐

❹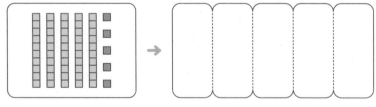

55 ÷ 5 = ☐

❺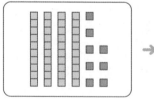

48 ÷ 4 = ☐

6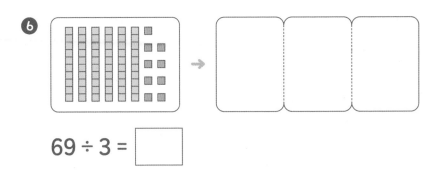

$69 \div 3 = \boxed{}$

7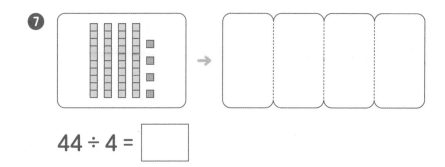

$44 \div 4 = \boxed{}$

8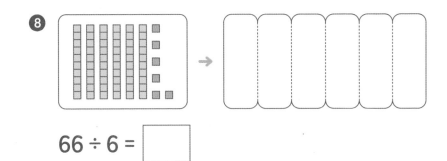

$66 \div 6 = \boxed{}$

9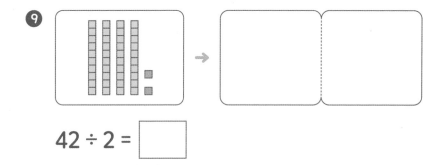

$42 \div 2 = \boxed{}$

10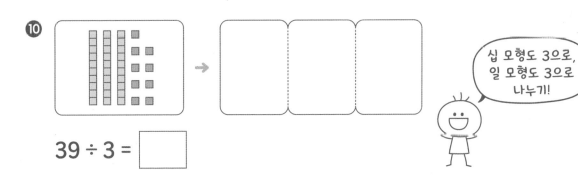

$39 \div 3 = \boxed{}$

십 모형도 3으로,
일 모형도 3으로
나누기!

내림이 없고 나머지가 없는 (두 자리 수) ÷ (한 자리 수)

공부 끝!

맞힌 개수

부모님 확인

10개

오늘의 숫자 **56**에 색칠하세요.

자릿값이 큰 수부터
나누면 돼.

24 ÷ 2 = 12

```
      1
  2 ) 2   4
      2   ⓪   ❶ 2×10
          4   ❷ 24-20
```
나누어지는 수의
십의 자리 수를
먼저 나누고

↓

```
      1   2
  2 ) 2   4
      2
          4   이어서
          4   일의 자리 수를
          0   나누면 돼.
              ❸ 2×2
              ❹ 4-4
```

❶ 26 ÷ 2 =

```
          1
  2 ) 2   6
          2
              6
```

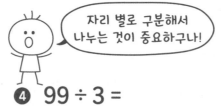

나누어지는 수의
십의 자리 수를
먼저 나눠 봐!

❷ 66 ÷ 6 =

```
  6 ) 6   6
```

❸ 82 ÷ 2 =

```
  2 ) 8   2
```

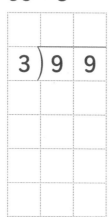

자리 별로 구분해서
나누는 것이 중요하구나!

❹ 99 ÷ 3 =

```
  3 ) 9   9
```

❺ 46 ÷ 2 =

```
  2 ) 4   6
```

❻ 63 ÷ 3 =

```
  3 ) 6   3
```

❼ 84 ÷ 4 =

```
  4 ) 8   4
```

❽ 55 ÷ 5 =

```
  5 ) 5   5
```

❾ 28 ÷ 2 =

```
  2 ) 2   8
```

❿ 88 ÷ 2 =

```
  2 ) 8   8
```

내림이 없고 나머지가 없는 (두 자리 수) ÷ (한 자리 수)

⓫ 93 ÷ 3 =

```
  3 ) 9   3
```

⓬ 48 ÷ 4 =

```
  4 ) 4   8
```

⓭ 69 ÷ 3 =

```
  3 ) 6   9
```

공부 끝!

맞힌 개수

부모님 확인

/13개

오늘의 숫자 **3**에 색칠하세요.

십의 자리 수부터 나누고 일의 자리 수를 나누어 보자.

나누어지는 수의 큰 자리 수부터
순서대로 나누어 봐.

```
    1 3
3 ) 3 9
    3 0   ❶ 3×10
      9   ❷ 39-30
      9   ❸ 3×3
      0   ❹ 9-9
```

❶
```
    1
4 ) 4 8
    4
    8
```
48에서 얼마를 빼서 8이 나왔을까?

❷
```
3 ) 6 3
```

❸
```
2 ) 2 8
```

❹
```
2 ) 6 4
```

❺
```
4 ) 4 4
```

❻
```
3 ) 9 6
```

❼
```
3 ) 9 9
```

❽
```
4 ) 8 4
```

❾
```
3 ) 6 9
```

❿
```
2 ) 8 6
```

66

⓫ 24 ÷ 2

⓬ 66 ÷ 3

⓭ 68 ÷ 2

⓮ 84 ÷ 2

⓯ 44 ÷ 2

⓰ 48 ÷ 2

⓱ 36 ÷ 3

⓲ 77 ÷ 7

⓳ 26 ÷ 2

⓴ 82 ÷ 2

㉑ 33 ÷ 3

㉒ 66 ÷ 2

㉓ 88 ÷ 4

㉔ 55 ÷ 5

㉕ 46 ÷ 2

㉖ 22 ÷ 2

㉗ 42 ÷ 2

㉘ 88 ÷ 8

㉙ 88 ÷ 2

나눗셈이 없고 나머지가 없는 (두 자리 수) ÷ (한 자리 수)

공부 끝!

맞힌 개수

부모님 확인

/29개

오늘의 숫자 **65**에 색칠하세요.

Day 22

나누어지는 수의
십의 자리 수와 일의 자리
수를 차례대로 나눠 보자.

❶
```
      1
  7) 7 7
     7
     7
```

❷
```
  3) 6 9
```

❸
```
  4) 8 4
```

❹
```
  5) 5 5
```

❺
```
  2) 4 6
```

❻
```
  3) 6 3
```

❼
```
  2) 4 4
```

❽
```
  2) 2 6
```

❾
```
  2) 8 2
```

❿
```
  4) 4 8
```

⓫
```
  3) 3 9
```

⑫ 88 ÷ 8　　⑬ 64 ÷ 2　　⑭ 99 ÷ 9　　⑮ 66 ÷ 3

⑯ 48 ÷ 2　　⑰ 24 ÷ 2　　⑱ 68 ÷ 2　　⑲ 42 ÷ 2

⑳ 84 ÷ 2　　㉑ 66 ÷ 6　　㉒ 28 ÷ 2　　㉓ 33 ÷ 3

㉔ 93 ÷ 3　　㉕ 86 ÷ 2　　㉖ 88 ÷ 2　　㉗ 36 ÷ 3

㉘ 88 ÷ 4　　㉙ 66 ÷ 2　　㉚ 22 ÷ 2

내림이 없고 나머지가 없는 (두 자리 수) ÷ (한 자리 수)

공부 끝!

맞힌 개수

부모님 확인

/30개

오늘의 숫자 **72**에 색칠하세요.

연산
놀이터

양들이 도망가지 않게 3개의 구역으로 나누려고 해.
각 구역에 모두 같은 수의 양이 들어갈 수 있도록 울타리를 그려 보자.

06

내림이 있고 나머지가 없는 (두 자리 수)÷(한 자리 수)

이번에는 무엇을 배울까?

내림이 없고 나머지가 없는
(두 자리 수)÷(한 자리 수)

내림이 있고 나머지가 없는
(두 자리 수)÷(한 자리 수)

내림이 없고 나머지가 있는
(두 자리 수)÷(한 자리 수)

이렇게 지도해요!

❶ 먼저 설명해 주세요.

수 모형과 식을 통해 (두 자리 수)÷(한 자리 수)를 나타내었습니다. 십 모형을 나눌 수 없을 때, 십 모형 1개를 일 모형 10개로 바꾸어 나눠 보며 내림이 있는 나눗셈을 이해합니다.

❷ 수를 이해하며 계산해요.

설명과 이어지는 그림을 이용하여 Day23에서 재미있게 문제를 풉니다.

❸ 충분히 연습해요.

Day24 ~ Day26의 문제 풀이를 통해 내림이 있는 (두 자리 수)÷(한 자리 수)의 계산 방법을 익히고, Day27을 통해 어림과 정확한 계산 모두를 경험해 봅니다.

스스로 계획을 세워요!

	공부할 날짜	목표 시간	복습할 날짜
Day 23 46	월 / 일	분 / 10개	월 / 일
Day 24 46	월 / 일	분 / 13개	월 / 일
Day 25 46	월 / 일	분 / 29개	월 / 일
Day 26 46	월 / 일	분 / 30개	월 / 일
Day 27 46	월 / 일	분 / 12개	월 / 일

십 모형을 나눌 수 없으면 일 모형으로 쪼개서 나눠.

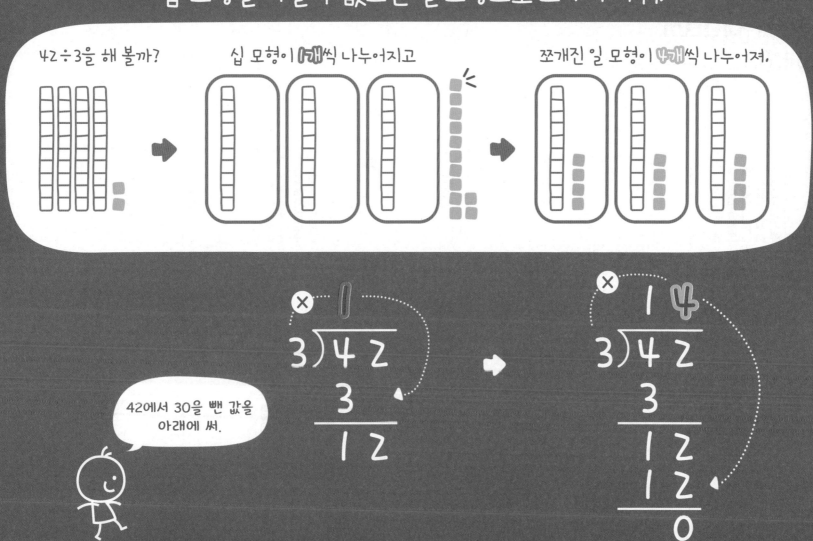

42÷3을 해 볼까?

십 모형이 **1개**씩 나누어지고

쪼개진 일 모형이 **4개**씩 나누어져.

42에서 30을 뺀 값을
아래에 써.

나눗셈식을 보고
수 모형을 나누어 그려서
계산해 봐.

❶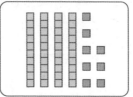

십 모형을 일 모형 10개로
쪼개서 나눠야겠는걸?

$48 \div 3 = \boxed{}$

❷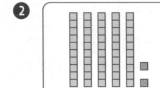

$52 \div 4 = \boxed{}$

❸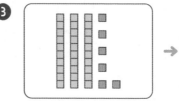

$36 \div 2 = \boxed{}$

❹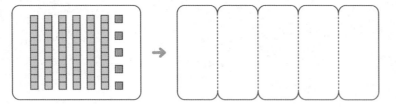

$65 \div 5 = \boxed{}$

❺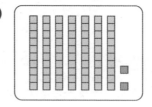

$72 \div 3 = \boxed{}$

6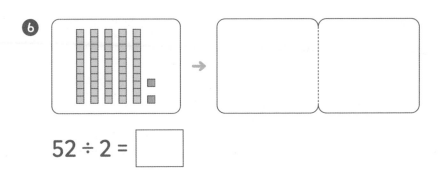

$52 \div 2 = \boxed{}$

7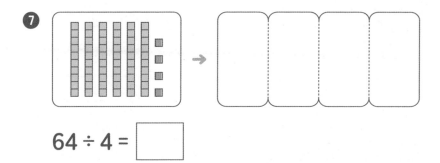

$64 \div 4 = \boxed{}$

8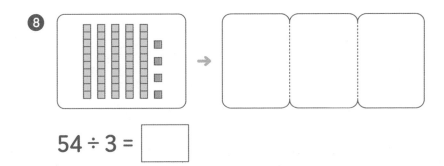

$54 \div 3 = \boxed{}$

9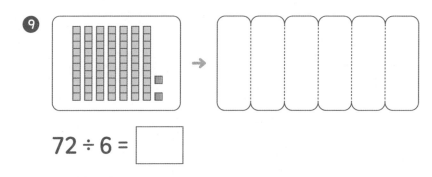

$72 \div 6 = \boxed{}$

10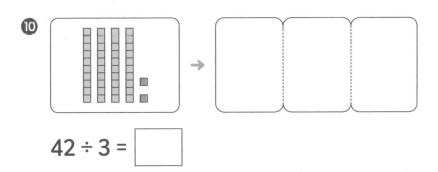

$42 \div 3 = \boxed{}$

42 = 30 + 12로
생각해서 나누는 거구나~.

내림이 있고 나머지가 없는 (두 자리 수) ÷ (한 자리 수)

공부 끝!

맞힌 개수

부모님 확인

/10개

오늘의 숫자 **78**에 색칠하세요.

Day
24

자릿값이 큰 수부터
계산하고 남은 수는
아래로 내려 보자.

$45 \div 3 = 15$

```
    1 5
3 ) 4 5
    3 0     ❶ 3×10
    1 5     ❷ 45-30
    1 5     ❸ 3×5
      0     ❹ 15-15
```

십의 자리에서 나누고
남은 수를 내려서
또 나누는 거야.

❶ $96 \div 4 =$

```
      2
4 ) 9 6
    8
    1 6
```

십의 자리에서는
빼서 내리고

일의 자리에서는
그대로 내려.

❷ $51 \div 3 =$

```
3 ) 5 1
```

❸ $72 \div 4 =$

```
4 ) 7 2
```

❹ $60 \div 4 =$

```
4 ) 6 0
```

❺ $98 \div 2 =$

```
2 ) 9 8
```

❻ $75 \div 3 =$

```
3 ) 7 5
```

7 54 ÷ 3 =

3) 5 4

8 87 ÷ 3 =

3) 8 7

9 60 ÷ 5 =

5) 6 0

10 52 ÷ 4 =

4) 5 2

11 72 ÷ 6 =

6) 7 2

12 65 ÷ 5 =

5) 6 5

13 34 ÷ 2 =

2) 3 4

내림이 있고 나머지가 없는 (두 자리 수) ÷ (한 자리 수)

공부 끝!

맞힌 개수

부모님 확인

/13개

오늘의 숫자 **59**에 색칠하세요.

Day 25

십의 자리 수를 나누고
남는 수와 일의 자리 수를
합해서 나눠 보자.

세로 셈의 계산 순서를 잘
기억해!

```
    1 6
4 ) 6 4
    4 0    ❶ 4×10
    2 4    ❷ 64-40
    2 4    ❸ 4×6
      0    ❹ 24-24
```

❶
```
    1
4 ) 5 6
    4
  ─────
    1 6   ← 십의 자리에서
          나누고 남은 수는
          일의 자리 수와
          합해서 나누자!
```

❷
```
3 ) 7 2
```

❸
```
2 ) 3 8
```

❹
```
2 ) 5 4
```

❺
```
5 ) 6 5
```

❻
```
7 ) 8 4
```

❼
```
8 ) 9 6
```

❽
```
5 ) 7 0
```

❾
```
6 ) 8 4
```

❿
```
2 ) 7 2
```

⑪ 45 ÷ 3

⑫ 32 ÷ 2

⑬ 50 ÷ 2

⑭ 75 ÷ 3

⑮ 76 ÷ 4

⑯ 36 ÷ 2

⑰ 54 ÷ 3

⑱ 60 ÷ 4

⑲ 72 ÷ 4

⑳ 48 ÷ 3

㉑ 95 ÷ 5

㉒ 91 ÷ 7

㉓ 75 ÷ 5

㉔ 94 ÷ 2

㉕ 81 ÷ 3

㉖ 65 ÷ 5

공부 끝!

맞힌 개수

부모님 확인

/29개

⑳ 84 ÷ 7

㉘ 42 ÷ 3

㉙ 85 ÷ 5

오늘의 숫자 **22**에 색칠하세요.

Day 26

내림에 주의해서
(몇십몇)÷(몇)을
계산해 봐.

❶
```
      1
  3) 5 7
     3
     2 7
```

❷
```
  2) 3 6
```

❸
```
  2) 7 0
```

❹
```
  8) 9 6
```

❺
```
  4) 5 2
```

❻
```
  6) 7 2
```

❼
```
  2) 5 2
```

❽
```
  6) 7 8
```

❾
```
  7) 8 4
```

❿
```
  5) 9 5
```

⓫
```
  3) 5 1
```

⑫ 98 ÷ 7

⑬ 84 ÷ 6

⑭ 34 ÷ 2

⑮ 60 ÷ 5

⑯ 76 ÷ 4

⑰ 54 ÷ 2

⑱ 57 ÷ 3

⑲ 92 ÷ 4

내림이 있고 나머지가 없는 (두 자리 수) ÷ (한 자리 수)

⑳ 84 ÷ 3

㉑ 42 ÷ 3

㉒ 80 ÷ 5

㉓ 54 ÷ 3

㉔ 84 ÷ 6

㉕ 48 ÷ 3

㉖ 91 ÷ 7

㉗ 78 ÷ 2

공부 끝!

맞힌 개수

부모님 확인

/30개

㉘ 52 ÷ 4

㉙ 72 ÷ 2

㉚ 52 ÷ 2

오늘의 숫자 **5**에 색칠하세요.

Day
27

어느 쪽으로
저울이 기울어질까?
○표 해 보자.

75 ÷ 5   34 ÷ 2

15   17

몫이 각각 15, 17이니까
34 ÷ 2 쪽으로 기울어져!

몫을 구해서 □ 안에
먼저 써 보자!

❶

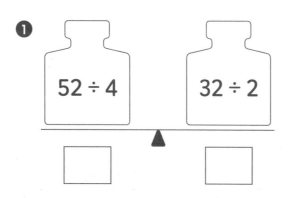

52 ÷ 4   32 ÷ 2

❷

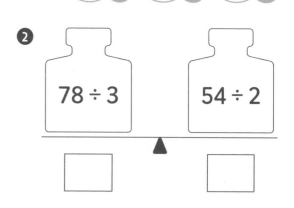

78 ÷ 3   54 ÷ 2

❸

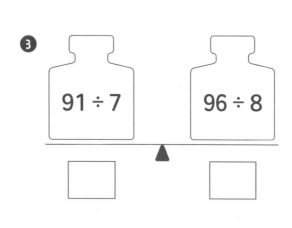

91 ÷ 7   96 ÷ 8

❹

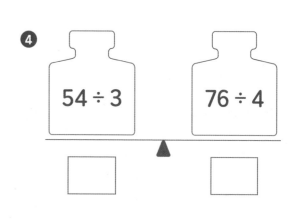

54 ÷ 3   76 ÷ 4

❺

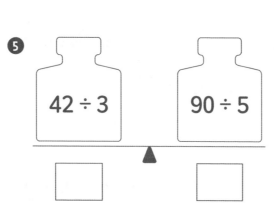

42 ÷ 3   90 ÷ 5

❻

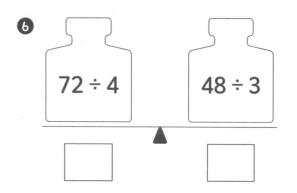

72 ÷ 4   48 ÷ 3

/8 분

❼

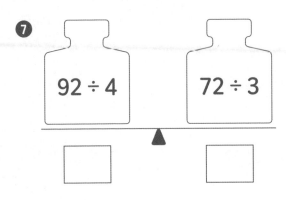

$92 ÷ 4$ ▲ $72 ÷ 3$

❽

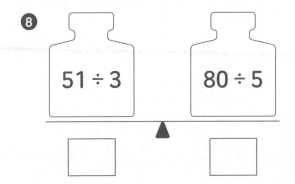

$51 ÷ 3$ ▲ $80 ÷ 5$

❾

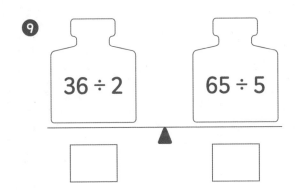

$36 ÷ 2$ ▲ $65 ÷ 5$

❿

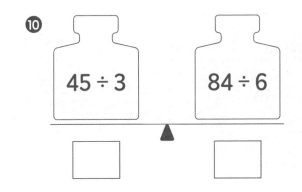

$45 ÷ 3$ ▲ $84 ÷ 6$

⓫

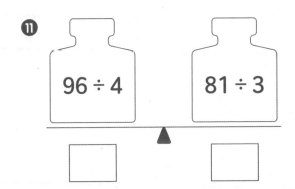

$96 ÷ 4$ ▲ $81 ÷ 3$

⓬

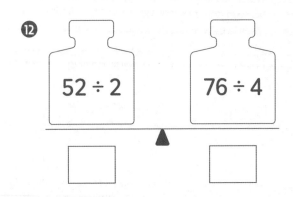

$52 ÷ 2$ ▲ $76 ÷ 4$

공부 끝!

맞힌 개수

부모님 확인

/12개

오늘의 숫자 **91**에 색칠하세요.

나눗셈의 몫이 큰 순서대로 비밀번호를 입력하면 금고의 문이 열려.
암호표를 보고 알파벳으로 이루어진 비밀번호를 풀어 봐.

식	75÷5	54÷2	51÷3	72÷4	96÷8	42÷3
암호	C	P	N	E	L	I

07

내림이 없고 나머지가 있는
(두 자리 수)÷(한 자리 수)

이번에는 무엇을 배울까?

내림이 있고 나머지가 없는
(두 자리 수)÷(한 자리 수)

내림이 없고 나머지가 있는
(두 자리 수)÷(한 자리 수)

내림이 있고 나머지가 있는
(두 자리 수)÷(한 자리 수)

이렇게 지도해요!

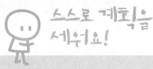

스스로 계획을 세워요!

❶ 먼저 설명해 주세요.

수 모형과 식을 통해 (두 자리 수)÷(한 자리 수)를 나타내었습니다. 나누어떨어지지 않을 때, 남는 것이 나머지임을 이해합니다.

❷ 수를 이해하며 계산해요.

설명과 이어지는 그림을 이용하여 Day28에서 재미있게 문제를 풉니다.

❸ 충분히 연습해요.

Day29 ~ Day31의 문제 풀이를 통해 나머지가 있는 나눗셈의 기초를 다집니다.

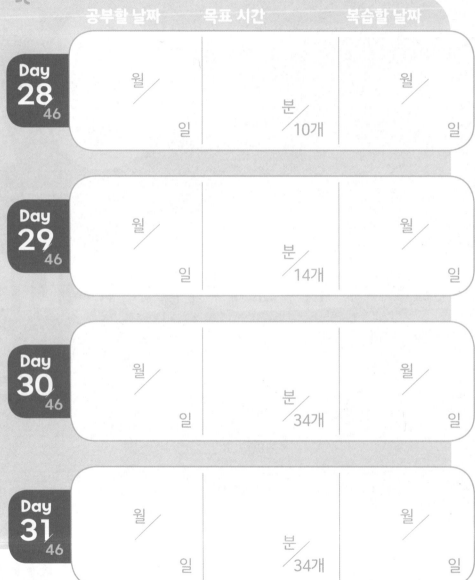

	공부할 날짜	목표 시간	복습할 날짜
Day 28 46	월 / 일	분 / 10개	월 / 일
Day 29 46	월 / 일	분 / 14개	월 / 일
Day 30 46	월 / 일	분 / 34개	월 / 일
Day 31 46	월 / 일	분 / 34개	월 / 일

선생님의 칠판

똑같은 개수로 묶고 남은 것을 나머지라고 불러.

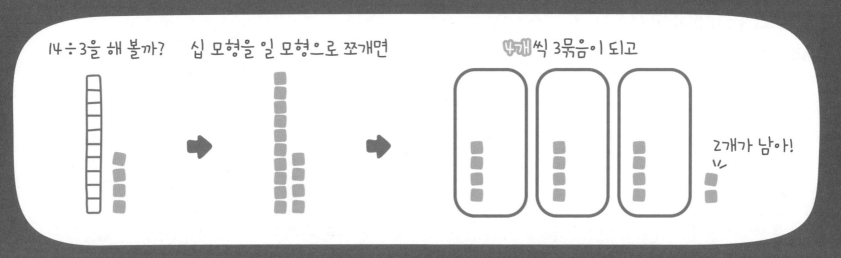

14÷3을 해 볼까? 십 모형을 일 모형으로 쪼개면 4개씩 3묶음이 되고

2개가 남아!

더 이상 나누어지지 않을 때
남는 수를 나머지라고 불러.
나머지는 나누는 수보다
작아야 해!

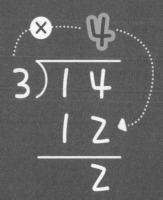

Day 28

수 모형을 나누는 수로 나누어 그려 보고
남은 모형의 수를 세어 보면
나머지를 알 수 있어!

❶
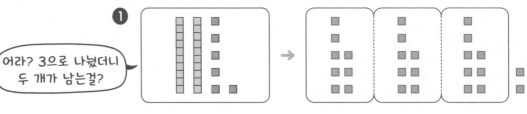

26 ÷ 3 → 몫: ☐ , 나머지: ☐

❷
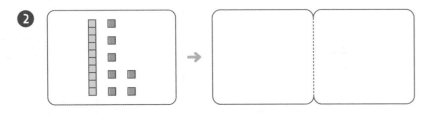

17 ÷ 2 → 몫: ☐ , 나머지: ☐

❸
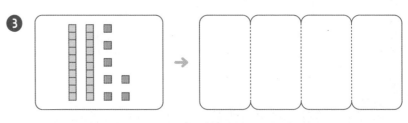

27 ÷ 4 → 몫: ☐ , 나머지: ☐

❹
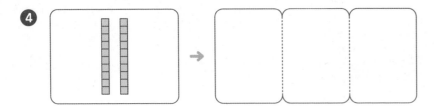

20 ÷ 3 → 몫: ☐ , 나머지: ☐

❺
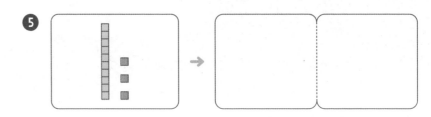

13 ÷ 2 → 몫: ☐ , 나머지: ☐

❻

$29 \div 2 \rightarrow$ 몫: ☐ , 나머지: ☐

❼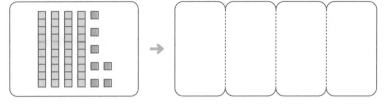

$47 \div 4 \rightarrow$ 몫: ☐ , 나머지: ☐

❽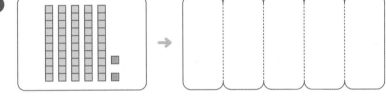

$52 \div 5 \rightarrow$ 몫: ☐ , 나머지: ☐

❾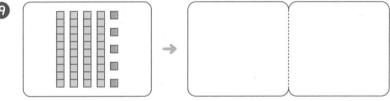

$45 \div 2 \rightarrow$ 몫: ☐ , 나머지: ☐

❿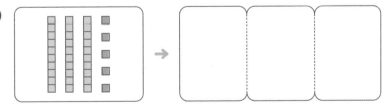

$35 \div 3 \rightarrow$ 몫: ☐ , 나머지: ☐

나머지는 나누는 수보다
항상 작구나!

공부 끝!

맞힌 개수

부모님 확인

/10개

오늘의 숫자 **36**에 색칠하세요.

내림이 있고 나머지가 있는 (두 자리 수) ÷ (한 자리 수)

Day 29

나눗셈에서
더 이상 나눌 수 없는 수를
나머지라고 해.

$23 \div 3 = 7 \cdots 2$

```
        7
  3 ) 2   3
      2   1   ❶ 3×7
          2   ❷ 23-21
```

몫이 ●이고
나머지가 ▲일 때
답은 ● ··· ▲라고 쓰면 돼.

나머지가 0일 때,
나누어떨어진다고 해!

❶ $17 \div 2 =$

```
          8
  2 ) 1   7
      1   6
```

나머지는
얼마지?

❷ $37 \div 7 =$

```
  7 ) 3   7
```

❸ $71 \div 8 =$

```
  8 ) 7   1
```

❹ $28 \div 5 =$

```
  5 ) 2   8
```

❺ $67 \div 9 =$

```
  9 ) 6   7
```

❻ $46 \div 5 =$

```
  5 ) 4   6
```

❼ $44 \div 7 =$

```
  7 ) 4   4
```

❽ $62 \div 8 =$

```
  8 ) 6   2
```

❾ $24 \div 7 =$

```
  7 ) 2   4
```

나누어지는 수의
십의 자리 수부터
나눌 수 있으면
몫이 두 자리 수가 돼.

$$64 \div 3 = 21 \cdots 1$$

```
    2 1
  3)6 4
    6 0    ❶ 3×20
      4    ❷ 64-60
      3    ❸ 3×1
      1    ❹ 4-3
```

십의 자리 수를 먼저 나누고
내리는 수가 없으면 일의 자리
수만 내려서 계산해.

자리를 잘 확인하고
수를 써야겠어.

❿ $45 \div 4 =$

```
      1
  4)4 5
    4
      5
```

⓫ $67 \div 2 =$

```
  2)6 7
```

⓬ $79 \div 7 =$

```
  7)7 9
```

⓭ $68 \div 3 =$

```
  3)6 8
```

⓮ $86 \div 4 =$

```
  4)8 6
```

내림이 없고 나머지가 있는 (두 자리 수) ÷ (한 자리 수)

공부 끝!

맞힌 개수

/14개

부모님 확인

오늘의 숫자 **67**에 색칠하세요.

Day 30

나누어지는 수의
십의 자리 수를 먼저
나눌 수 있는지 확인해 봐.

①
$$8 \overline{)65}$$
$$6\,4$$

나머지는 나누지
못하고 남은 수니까
나누는 수보다 항상
작을 수 밖에~!

②
$$6 \overline{)58}$$

③
$$4 \overline{)35}$$

④
$$9 \overline{)62}$$

⑤
$$7 \overline{)51}$$

⑥
$$3 \overline{)28}$$

⑦
$$7 \overline{)19}$$

⑧
$$6 \overline{)44}$$

⑨
$$8 \overline{)71}$$

⑩
$$9 \overline{)57}$$

⑪
$$9 \overline{)60}$$

⑫
$$6 \overline{)67}$$

⑬
$$2 \overline{)81}$$

⑭
$$3 \overline{)38}$$

⑮
$$3 \overline{)95}$$

⑯ 11 ÷ 2   ⑰ 27 ÷ 7   ⑱ 59 ÷ 9   ⑲ 77 ÷ 9

⑳ 68 ÷ 8   ㉑ 74 ÷ 8   ㉒ 34 ÷ 7   ㉓ 23 ÷ 4

㉔ 45 ÷ 6   ㉕ 31 ÷ 5   ㉖ 85 ÷ 9   ㉗ 54 ÷ 7

나눔이 있고 나머지가 있는 (두 자리 수) ÷ (한 자리 수)

㉘ 58 ÷ 5   ㉙ 65 ÷ 6   ㉚ 25 ÷ 2   ㉛ 91 ÷ 3

공부 끝!

맞힌 개수

부모님 확인

/34개

㉜ 46 ÷ 4   ㉝ 72 ÷ 7   ㉞ 34 ÷ 3

오늘의 숫자 60에 색칠하세요.

나머지는 항상
나누는 수보다 작아야 해.

❶
$$2 \overline{)\,1\,5}$$
$$\underline{1\,4}$$

❷
$$4 \overline{)\,1\,8}$$

❸
$$7 \overline{)\,5\,8}$$

❹
$$5 \overline{)\,2\,4}$$

❺
$$9 \overline{)\,6\,5}$$

❻
$$8 \overline{)\,7\,7}$$

❼
$$8 \overline{)\,4\,9}$$

❽
$$6 \overline{)\,3\,2}$$

❾
$$5 \overline{)\,1\,6}$$

❿
$$7 \overline{)\,4\,3}$$

⓫
$$9 \overline{)\,7\,0}$$

⓬
$$7 \overline{)\,7\,5}$$

⓭
$$4 \overline{)\,8\,7}$$

⓮
$$2 \overline{)\,4\,5}$$

⓯
$$3 \overline{)\,6\,2}$$

⑯ 43 ÷ 8

⑰ 24 ÷ 9

⑱ 36 ÷ 5

⑲ 38 ÷ 7

⑳ 48 ÷ 5

㉑ 19 ÷ 2

㉒ 41 ÷ 7

㉓ 37 ÷ 6

㉔ 58 ÷ 9

㉕ 76 ÷ 8

㉖ 39 ÷ 8

㉗ 67 ÷ 8

㉘ 65 ÷ 3

㉙ 82 ÷ 4

㉚ 43 ÷ 2

㉛ 85 ÷ 8

㉜ 52 ÷ 5

㉝ 49 ÷ 4

㉞ 62 ÷ 3

내림이 없고 나머지가 있는 (두 자리 수) ÷ (한 자리 수)

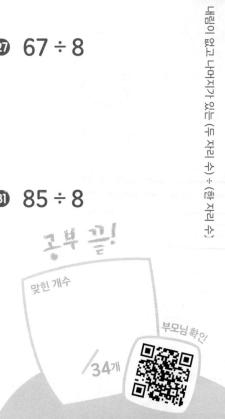

공부 끝!

맞힌 개수

부모님 확인

/34개

오늘의 숫자 **20**에 색칠하세요.

나눗셈이 적힌 15개의 계란 중 나머지가 같은 4개만 삶은 계란이야.
삶은 계란은 어디에 숨어 있을까?

08

내림이 있고 나머지가 있는
(두 자리 수)÷(한 자리 수)

이번에는 무엇을 배울까?

내림이 없고 나머지가 있는
(두 자리 수)÷(한 자리 수)

내림이 있고 나머지가 있는
(두 자리 수)÷(한 자리 수)

백의 자리부터 몫을 구하는
(세 자리 수)÷(한 자리 수)

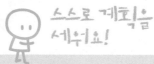

❶ 먼저 설명해 주세요.

수 모형과 식을 통해 (두 자리 수)÷(한 자리 수)를
나타내었습니다. 앞에서 배운 나눗셈의 내림과
나머지의 개념을 떠올리며 (두 자리 수)÷(한 자리 수)의
계산 방법을 완벽하게 익힙니다.

❷ 수를 이해하며 계산해요.

설명과 이어지는 그림을 이용하여 Day32에서
재미있게 문제를 풉니다.

❸ 충분히 연습해요.

Day33 ~ Day36의 문제 풀이를 통해 내림이 있고
나머지가 있는 (두 자리 수)÷(한 자리 수)의 나눗셈을
충분히 익혀 봅니다.

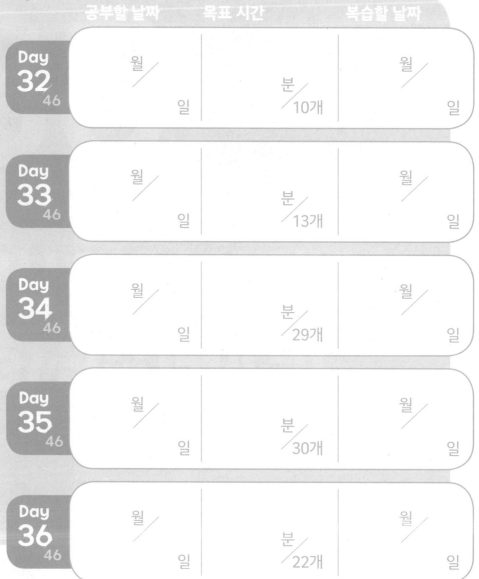

	공부할 날짜	목표 시간	복습할 날짜
Day 32 46	월 / 일	분 / 10개	월 / 일
Day 33 46	월 / 일	분 / 13개	월 / 일
Day 34 46	월 / 일	분 / 29개	월 / 일
Day 35 46	월 / 일	분 / 30개	월 / 일
Day 36 46	월 / 일	분 / 22개	월 / 일

선생님의 칠판

나누어지는 수의 십의 자리 수부터 나눠.

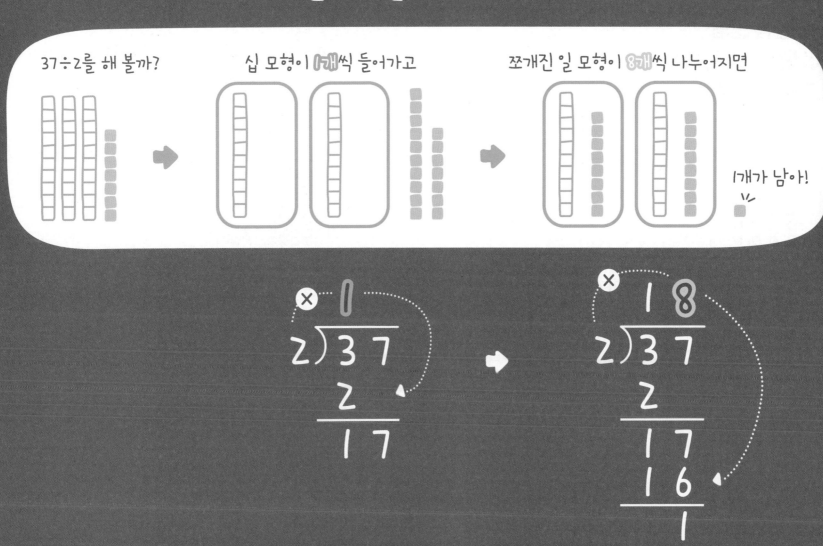

37÷2를 해 볼까?

십 모형이 1개씩 들어가고

쪼개진 일 모형이 8개씩 나누어지면

1개가 남아!

나눔이 있고 나머지가 있는 (두 자리 수)÷(한 자리 수)

Day 32

나눌 수 없으면
십 모형을 일 모형으로
받아내림하여 나누고
나머지도 구해 보자.

십 모형 1개를 일 모형 10개로
쪼개면 나눌 수 있겠네.

1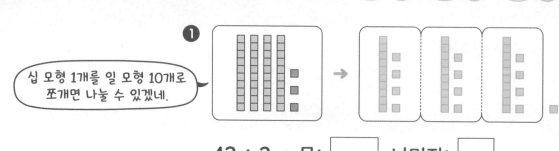

43 ÷ 3 → 몫: ☐ , 나머지: ☐

2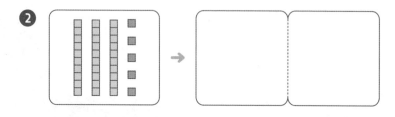

35 ÷ 2 → 몫: ☐ , 나머지: ☐

3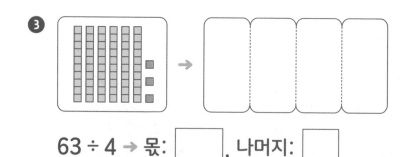

63 ÷ 4 → 몫: ☐ , 나머지: ☐

4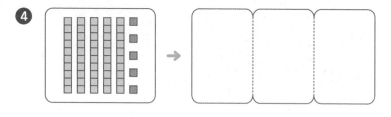

55 ÷ 3 → 몫: ☐ , 나머지: ☐

5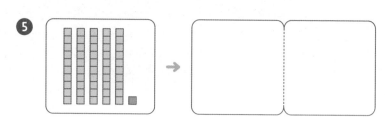

51 ÷ 2 → 몫: ☐ , 나머지: ☐

❻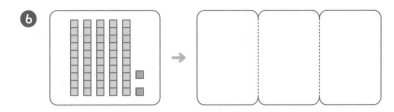

$52 \div 3$ → 몫: ☐ , 나머지: ☐

❼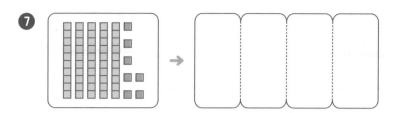

$57 \div 4$ → 몫: ☐ , 나머지: ☐

❽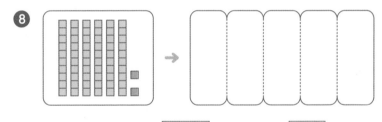

$62 \div 5$ → 몫: ☐ , 나머지: ☐

❾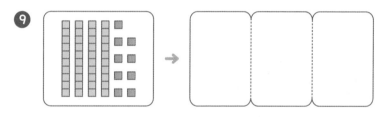

$49 \div 3$ → 몫: ☐ , 나머지: ☐

❿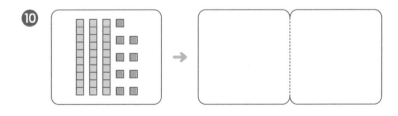

$39 \div 2$ → 몫: ☐ , 나머지: ☐

39를 20+19로
생각해서 계산해도 되겠어.

내림이 있고 나머지가 있는 (두 자리 수) ÷ (한 자리 수)

공부 끝!

맞힌 개수

부모님 확인

/10개

오늘의 숫자 **7**에 색칠하세요.

Day 33

나머지가 나누는 수보다
작아질 때까지
나누어 보자.

$71 \div 4 = 17 \cdots 3$

```
      1  7
  4 ) 7  1
      4  ⓪   ❶ 4×10
      3  1   ❷ 71-40
      2  8   ❸ 4×7
         3   ❹ 31-28
```

나눗셈을 한 다음
나머지가 나누는 수보다
작은지 꼭 확인해야 해!

❶ $53 \div 3 =$

```
         1
   3 ) 5  3
       3
   ┄┄┄┄┄┄┄
       2  3
```

십의 자리에서는
빼서 내리고

일의 자리에서는
그대로 내려.

❷ $72 \div 5 =$

```
   5 ) 7  2
```

❸ $55 \div 2 =$

```
   2 ) 5  5
```

❹ $82 \div 3 =$

```
   3 ) 8  2
```

❺ $85 \div 6 =$

```
   6 ) 8  5
```

❻ $95 \div 7 =$

```
   7 ) 9  5
```

❼ 61 ÷ 4 =

```
   ┌─────────
4 ) 6   1
```

❽ 73 ÷ 3 =

```
   ┌─────────
3 ) 7   3
```

❾ 91 ÷ 8 =

```
   ┌─────────
8 ) 9   1
```

❿ 90 ÷ 4 =

```
   ┌─────────
4 ) 9   0
```

⓫ 61 ÷ 5 =

```
   ┌─────────
5 ) 6   1
```

⓬ 73 ÷ 6 =

```
   ┌─────────
6 ) 7   3
```

⓭ 44 ÷ 3 =

```
   ┌─────────
3 ) 4   4
```

나눗셈이 있고 나머지가 있는 (두 자리 수) ÷ (한 자리 수)

공부 끝!

맞힌 개수

부모님 확인

/13개

오늘의 숫자 **64**에 색칠하세요.

Day 34

십의 자리 수를 나누고
남은 수와 일의 자리 수를
합해서 나누는 거야.

나눗셈의 원리를 알면
수가 커져도 쉽게 나눌 수 있어.

```
    1 1
 8)9 2
   8 0    ❶ 8×10
   1 2    ❷ 92-80
     8    ❸ 8×1
     4    ❹ 12-8
```

❶
```
   1
 4)7 9
   4
   3 9
```
나머지는
나누는 수인
4보다 작아야
겠지?

❷
```
 5)6 3
```

❸
```
 3)8 5
```

❹
```
 6)7 1
```

❺
```
 2)5 7
```

❻
```
 5)7 8
```

❼
```
 3)4 1
```

❽
```
 4)5 4
```

❾
```
 7)8 7
```

❿
```
 3)8 3
```

⑪ 88 ÷ 6　　　⑫ 74 ÷ 3　　　⑬ 75 ÷ 2　　　⑭ 74 ÷ 4

⑮ 99 ÷ 8　　　⑯ 88 ÷ 7　　　⑰ 87 ÷ 5　　　⑱ 46 ÷ 3

나눔이 있고 나머지가 있는 (두 자리 수) ÷ (한 자리 수)

⑲ 75 ÷ 4　　　⑳ 66 ÷ 5　　　㉑ 97 ÷ 8　　　㉒ 76 ÷ 6

㉓ 53 ÷ 2　　　㉔ 86 ÷ 3　　　㉕ 97 ÷ 7　　　㉖ 69 ÷ 4

㉗ 89 ÷ 7　　　㉘ 92 ÷ 5　　　㉙ 95 ÷ 8

공부 끝!

맞힌 개수

부모님 확인

/29개

오늘의 숫자 **42**에 색칠하세요.

Day 35

나머지는 나누는 수보다
크거나 같을 수 없어.

❶

$$3 \overline{)\smash{}76}$$
2
6
1 6

나머지는 3보다
작겠네?

❷

$$6 \overline{)\smash{}83}$$

❸

$$3 \overline{)\smash{}47}$$

❹

$$4 \overline{)\smash{}53}$$

❺

$$2 \overline{)\smash{}71}$$

❻

$$4 \overline{)\smash{}58}$$

❼

$$7 \overline{)\smash{}96}$$

❽

$$4 \overline{)\smash{}62}$$

❾

$$5 \overline{)\smash{}97}$$

❿

$$3 \overline{)\smash{}71}$$

⓫

$$4 \overline{)\smash{}78}$$

/13

⑫ 31 ÷ 2 ⑬ 90 ÷ 7 ⑭ 74 ÷ 6 ⑮ 84 ÷ 5

⑯ 59 ÷ 3 ⑰ 88 ÷ 3 ⑱ 94 ÷ 4 ⑲ 98 ÷ 4

⑳ 53 ÷ 2 ㉑ 55 ÷ 4 ㉒ 56 ÷ 3 ㉓ 33 ÷ 2

내림이 있고 나머지가 있는 (두 자리 수) ÷ (한 자리 수)

㉔ 94 ÷ 8 ㉕ 77 ÷ 3 ㉖ 64 ÷ 5 ㉗ 75 ÷ 6

공부 끝!

㉘ 50 ÷ 3 ㉙ 66 ÷ 4 ㉚ 82 ÷ 3

맞힌 개수

부모님 확인

/30개

오늘의 숫자 47에 색칠하세요.

내림에 주의해서
몫과 나머지를 구해 봐.

① ÷3
55 □ ○

여기에는 몫을
여기에는 나머지를 적어 봐!

② ÷2
31 □ ○

③ ÷7
86 □ ○

④ ÷8
90 □ ○

⑤ ÷4
95 □ ○

⑥ ÷4
73 □ ○

⑦ ÷2
91 □ ○

⑧ ÷3
58 □ ○

⑨ ÷4
51 □ ○

⑩ ÷7
94 □ ○

⑪ ÷8
93 □ ○

⑫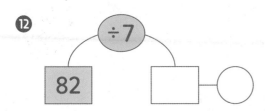

⑬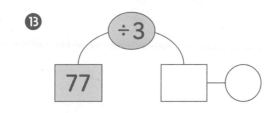

⑭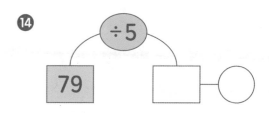

⑮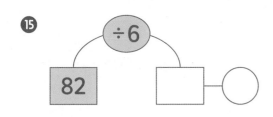

⑯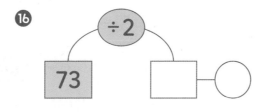

⑰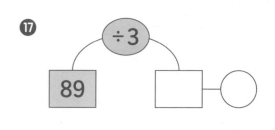

⑱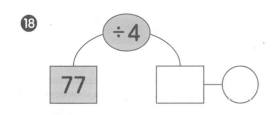

⑲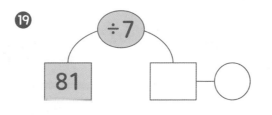

⑳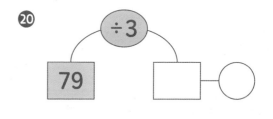

㉑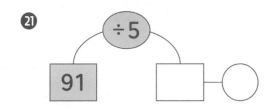

㉒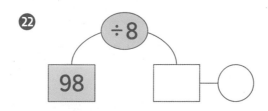

나눗셈이 있고 나머지가 있는 (두 자리 수) ÷ (한 자리 수)

공부 끝!

맞힌 개수

부모님 확인

/22개

오늘의 숫자 **9**에 색칠하세요.

나머지가 3인 길로만 지나갈 수 있어. 알맞은 길을 따라 연못을 건너 봐.

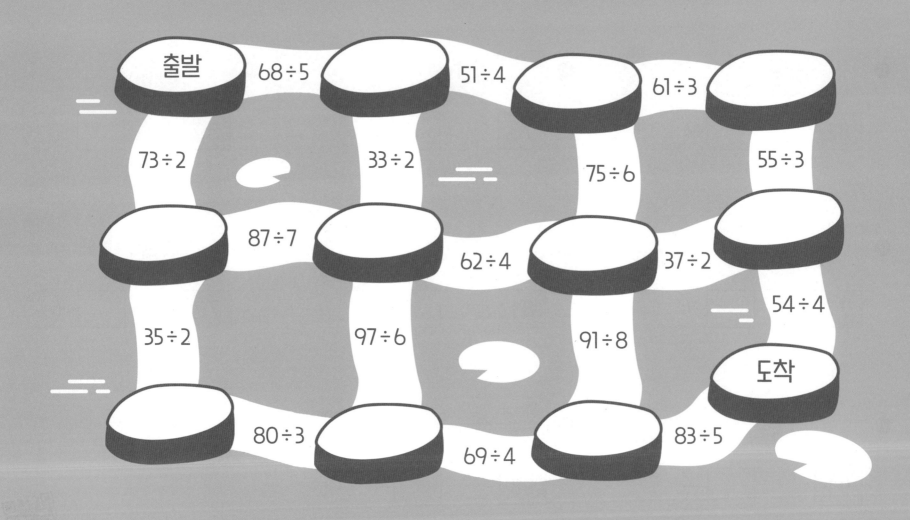

출발   68÷5   51÷4   61÷3

73÷2   33÷2   75÷6   55÷3

87÷7   62÷4   37÷2

35÷2   97÷6   91÷8   54÷4

도착

80÷3   69÷4   83÷5

09

백의 자리부터 몫을 구하는 (세 자리 수)÷(한 자리 수)

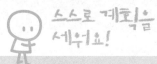

❶ 먼저 설명해 주세요.

수 모형과 식을 통해 (세 자리 수)÷(한 자리 수)를
나타내었습니다. 앞에서 배운
(두 자리 수)÷(한 자리 수)의 계산 방법과 유사한 점을
찾아봅니다.

❷ 수를 이해하며 계산해요.

설명과 이어지는 그림을 이용하여 Day37에서
재미있게 문제를 풉니다.

❸ 충분히 연습해요.

Day38 ~ Day41의 문제 풀이를 통해
(세 자리 수)÷(한 자리 수)의 나눗셈을 충분히
익혀 봅니다.

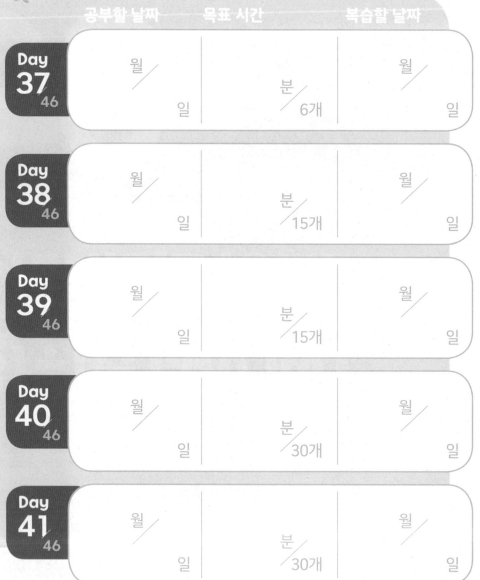

	공부할 날짜	목표 시간	복습할 날짜
Day 37 46	월 / 일	분 / 6개	월 / 일
Day 38 46	월 / 일	분 / 15개	월 / 일
Day 39 46	월 / 일	분 / 15개	월 / 일
Day 40 46	월 / 일	분 / 30개	월 / 일
Day 41 46	월 / 일	분 / 30개	월 / 일

선생님의 칠판

(세 자리 수)÷(한 자리 수)는 나누어지는 수의 백의 자리 수부터 나눠.

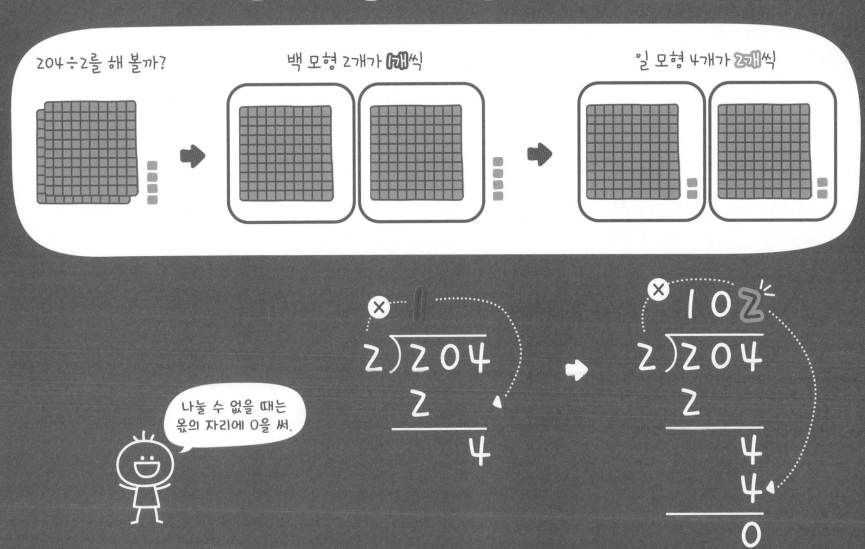

204÷2를 해 볼까?

백 모형 2개가 **1개**씩

일 모형 4개가 **2개**씩

나눌 수 없을 때는 옳의 자리에 0을 써.

백의 자리부터 몫을 구하는 (세 자리 수)÷(한 자리 수)

Day 37

식을 보고 백, 십, 일 모형을 직접 그려서 세 자리 수를 나누어 보자.

❶

큰 자릿수부터 차례대로 나눠 봐!

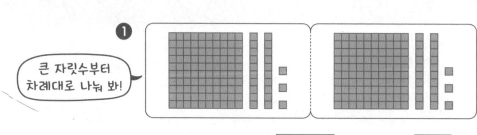

$246 \div 2 \rightarrow$ 몫: ⬚, 나머지: ⬚

❷

백 모형 5개는 4로 나눌 수 없으니까 남은 백 모형 한 개는 십 모형 10개로 쪼개야겠네!

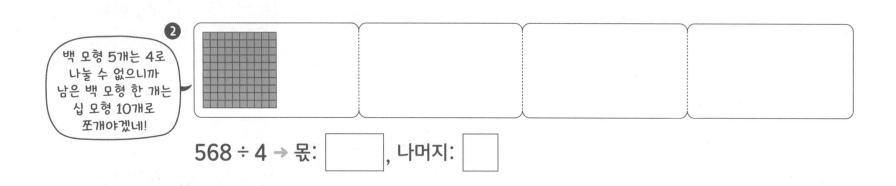

$568 \div 4 \rightarrow$ 몫: ⬚, 나머지: ⬚

❸

$729 \div 3 \rightarrow$ 몫: ⬚, 나머지: ⬚

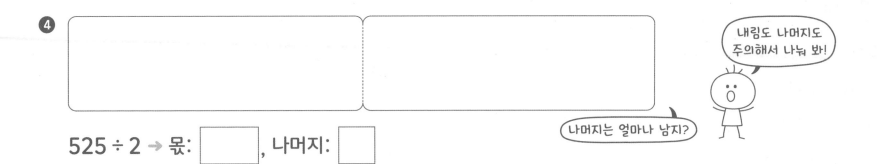

4 525 ÷ 2 → 몫: ☐ , 나머지: ☐

내림도 나머지도 주의해서 나눠 봐!

나머지는 얼마나 남지?

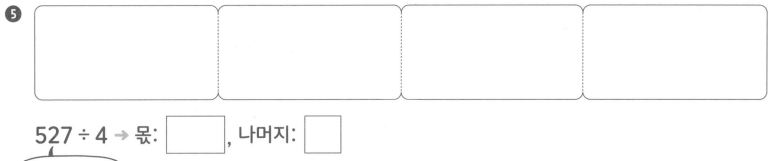

5 527 ÷ 4 → 몫: ☐ , 나머지: ☐

백 모형이 한 개 남겠는걸?

나머지가 나오는지 꼭 확인해!

6 398 ÷ 3 → 몫: ☐ , 나머지: ☐

백의 자리부터 몫을 구하는 (세 자리 수) ÷ (한 자리 수)

공부 끝!

맞힌 개수

/6개

부모님 확인

오늘의 숫자 **93**에 색칠하세요.

나누어지는 수의
백의 자리 수부터
차근차근 나눠 봐.

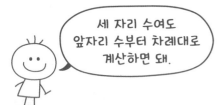

```
      1 8 7
3 ) 5 6 1
    3 0 0     ❶ 3×100
    2 6 1     ❷ 561-300
    2 4 0     ❸ 3×80
      2 1     ❹ 261-240
      2 1     ❺ 3×7
        0     ❻ 21-21
```

세 자리 수여도
앞자리 수부터 차례대로
계산하면 돼.

❶
```
      1
5 ) 6 1 0
    5
    1 1
```

❷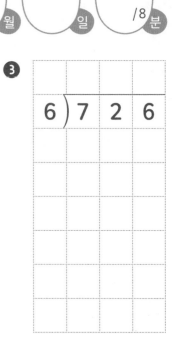
```
4 ) 9 2 8
```

❸
```
6 ) 7 2 6
```

❹
```
4 ) 4 9 6
```

❺
```
2 ) 4 4 8
```

❻
```
4 ) 5 6 4
```

나눌 수 없을 때는 몫에 0을 쓰는 거야.

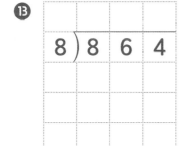

```
        3 0 5
   3 ) 9 1 5
       9 0 0     ❶ 3×300
         1 5     ❷ 915-900
         1 5     ❸ 3×5
             0   ❹ 15-15
```

윗자리부터 몫을 구하다
나눌 수 없을 때는 그 자리의
몫에 0을 쓰고 다음 자리 수를
내려서 계산하면 돼.

❼
```
        1
   7 ) 7 1 4
       7
           1 4
```

❽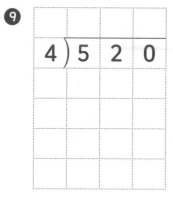
```
   3 ) 6 2 4
```

❾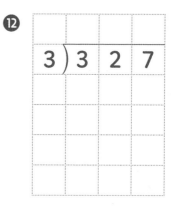
```
   4 ) 5 2 0
```

❿
```
   5 ) 5 0 5
```

⓫
```
   2 ) 4 1 6
```

⓬
```
   3 ) 3 2 7
```

⓭
```
   8 ) 8 6 4
```

⓮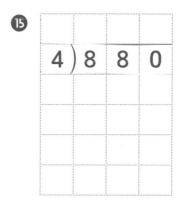
```
   6 ) 6 3 0
```

⓯
```
   4 ) 8 8 0
```

공부 끝!

맞힌 개수

부모님 확인

/15개

오늘의 숫자 **68**에 색칠하세요.

백의 자리부터 몫을 구하는 (세 자리 수) ÷ (한 자리 수)

Day 39

나머지가 있는 나눗셈도 똑같이 계산하면 돼.

```
      2  1  7
  3 )6  5  2
      6  0  0      ❶ 3×200
         5  2      ❷ 652-600
         3  0      ❸ 3×10
         2  2      ❹ 52-30
         2  1      ❺ 3×7
            1      ❻ 22-21
```

(두 자리 수)÷(한 자리 수)의
계산 방식과
크게 다를 게 없지?

❶
```
      1
  7 )9  6  5
      7
      2  6
```

❷
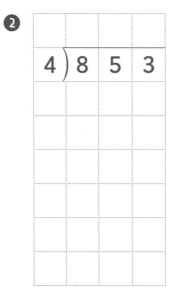
```
  4 )8  5  3
```

❸
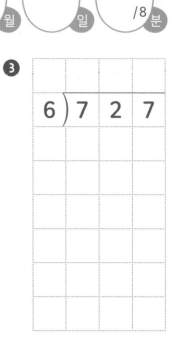
```
  6 )7  2  7
```

❹

```
  6 )9  2  8
```

❺
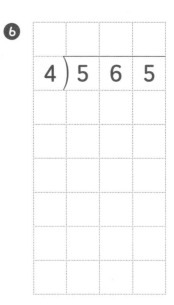
```
  2 )4  4  9
```

❻
```
  4 )5  6  5
```

내림과 나머지에 주의해서 풀어 봐.

```
      2 0 3
4 ) 8 1 5
    8 0 0      ❶ 4×200
      1 5      ❷ 815-800
      1 2      ❸ 4×3
        3      ❹ 15-12
```

나눌 수 없을 때는
그 자리의 몫에 0을 쓰고,
다음 자리 수를 내려서 계산하기!

❼
```
      1
7 ) 8 4 5
    7
    1 4
```

❽
```
6 ) 6 5 6
```

❾
```
4 ) 6 4 0
```

❿
```
7 ) 7 4 4
```

⓫
```
5 ) 5 3 7
```

⓬
```
8 ) 8 7 3
```

⓭
```
2 ) 5 2 0
```

⓮
```
3 ) 9 1 9
```

⓯
```
6 ) 6 2 3
```

공부 끝!

맞힌 개수

부모님 확인

/15개

오늘의 숫자 **97**에 색칠하세요.

Day 40

높은 자리부터 계산해서
몫과 나머지를 구해 봐.

❶
```
      1
   ┌──────
 5 ) 7 0 4
     5
   ──────
     2 0
```

20이 아니라
200을
의미하는 것,
알지?

❷
```
 7 ) 7 5 5
```

❸
```
 9 ) 9 6 8
```

❹
```
 3 ) 7 5 2
```

❺
```
 5 ) 5 1 2
```

❻
```
 4 ) 6 4 2
```

❼
```
 8 ) 8 2 4
```

❽
```
 4 ) 6 5 2
```

❾
```
 6 ) 7 3 4
```

❿
```
 8 ) 9 0 6
```

⓫
```
 7 ) 8 6 5
```

월   일   /13분

⑫ 862 ÷ 7　　⑬ 751 ÷ 6　　⑭ 966 ÷ 9　　⑮ 654 ÷ 4

⑯ 630 ÷ 5　　⑰ 894 ÷ 8　　⑱ 573 ÷ 3　　⑲ 935 ÷ 2

백의 자리부터 몫을 구하는 (세 자리 수) ÷ (한 자리 수)

⑳ 962 ÷ 7　　㉑ 532 ÷ 4　　㉒ 444 ÷ 3　　㉓ 653 ÷ 5

㉔ 728 ÷ 6　　㉕ 893 ÷ 8　　㉖ 554 ÷ 4　　㉗ 216 ÷ 2

공부 끝!

맞힌 개수

부모님 확인

㉘ 385 ÷ 3　　㉙ 564 ÷ 5　　㉚ 956 ÷ 9

/30개

오늘의 숫자 45에 색칠하세요.

Day 41

백의 자리 수부터
나누어 보자!

❶
```
        3
   3 ) 9 2 0
       9
       ‾‾‾
       2 0
```

❷
```
   6 ) 6 3 5
```

❸
```
   9 ) 9 8 2
```

❹
```
   6 ) 6 5 8
```

❺
```
   7 ) 7 6 3
```

❻
```
   4 ) 6 0 1
```

❼
```
   5 ) 8 5 4
```

❽
```
   5 ) 7 2 6
```

❾
```
   6 ) 9 4 5
```

❿
```
   2 ) 5 4 3
```

⓫
```
   7 ) 8 6 8
```

⑫ 716 ÷ 3

⑬ 813 ÷ 6

⑭ 578 ÷ 5

⑮ 847 ÷ 7

⑯ 433 ÷ 3

⑰ 927 ÷ 3

⑱ 954 ÷ 8

⑲ 725 ÷ 7

⑳ 945 ÷ 9

㉑ 467 ÷ 3

㉒ 585 ÷ 5

㉓ 319 ÷ 2

㉔ 855 ÷ 7

㉕ 496 ÷ 4

㉖ 869 ÷ 8

㉗ 915 ÷ 6

㉘ 587 ÷ 3

㉙ 489 ÷ 4

㉚ 522 ÷ 3

백의 자리부터 몫을 구하는 (세 자리 수) ÷ (한 자리 수)

공부 끝!

맞힌 개수

부모님 확인

/30개

오늘의 숫자 70에 색칠하세요.

카드에 적힌 숫자를 주사위를 굴려 나오는 수로 나누려고 해.
주사위의 눈이 어떤 수가 나와도 나머지가 나오지 않는 카드를 찾아봐!

640 845 720 940

10

백의 자리 수가 나누는 수보다 작은
(세 자리 수)÷(한 자리 수)

이번에는 무엇을 배울까?

백의 자리부터 몫을 구하는
(세 자리 수)÷(한 자리 수)

백의 자리 수가 나누는 수보다 작은
(세 자리 수)÷(한 자리 수)

(몇백)×(몇십), (몇십)×(몇백)

❶ 먼저 설명해 주세요.

수 모형과 식을 통해 (세 자리 수)÷(한 자리 수)를 나타내었습니다. 백의 자리 수가 나누는 수보다 작을 때의 계산 방법을 알아봅니다.

❷ 수를 이해하며 계산해요.

설명과 이어지는 그림을 이용하여 Day42에서 재미있게 문제를 풉니다.

❸ 충분히 연습해요.

Day43 ~ Day46의 문제 풀이를 통해 나눗셈의 원리에 대해 충분히 익힙니다.

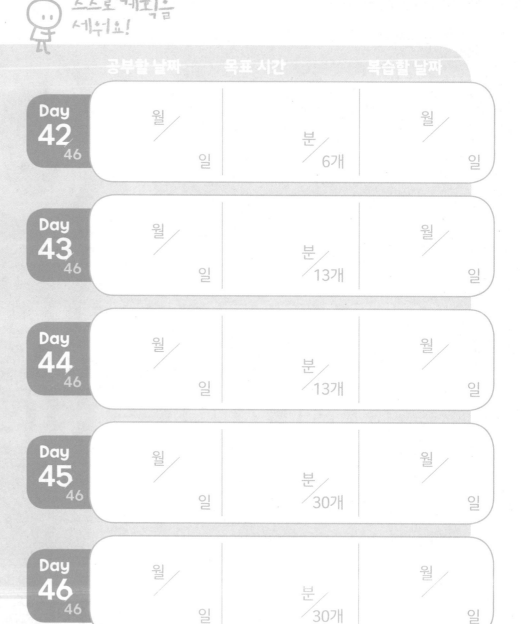

	공부할 날짜	목표 시간	복습할 날짜
Day 42 46	월 / 일	분 / 6개	월 / 일
Day 43 46	월 / 일	분 / 13개	월 / 일
Day 44 46	월 / 일	분 / 13개	월 / 일
Day 45 46	월 / 일	분 / 30개	월 / 일
Day 46 46	월 / 일	분 / 30개	월 / 일

선생님의 칠판

백 모형을 나눌 수 없으면 십 모형, 십 모형을 나눌 수 없으면 일 모형으로 쪼개서 나눠.

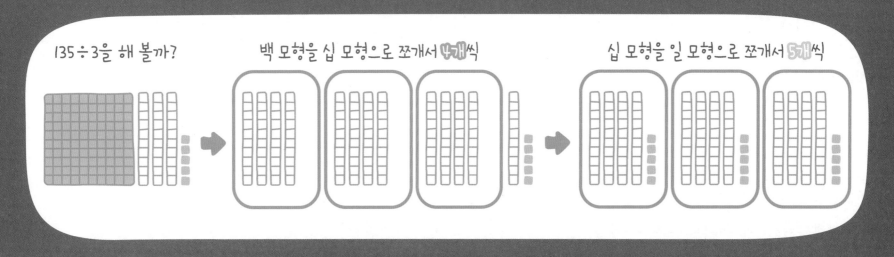

135÷3을 해 볼까?

백 모형을 십 모형으로 쪼개서 4개씩

십 모형을 일 모형으로 쪼개서 5개씩

큰 단위부터
차근 차근 나누어 봐!

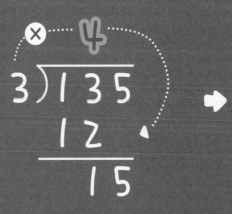

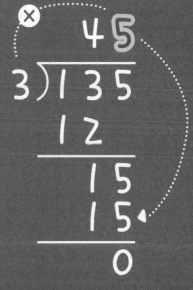

뿌리 자리 수가 나누는 수보다 작은 (세 자리 수) ÷ (한 자리 수)

42

백 모형의 개수보다
나누는 수가 더 크면
백 모형 1개를 십 모형 10개로
쪼개서 계산해 보자.

❶

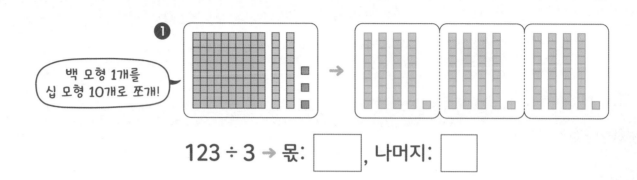

백 모형 1개를
십 모형 10개로 쪼개!

123 ÷ 3 → 몫: ☐ , 나머지: ☐

❷

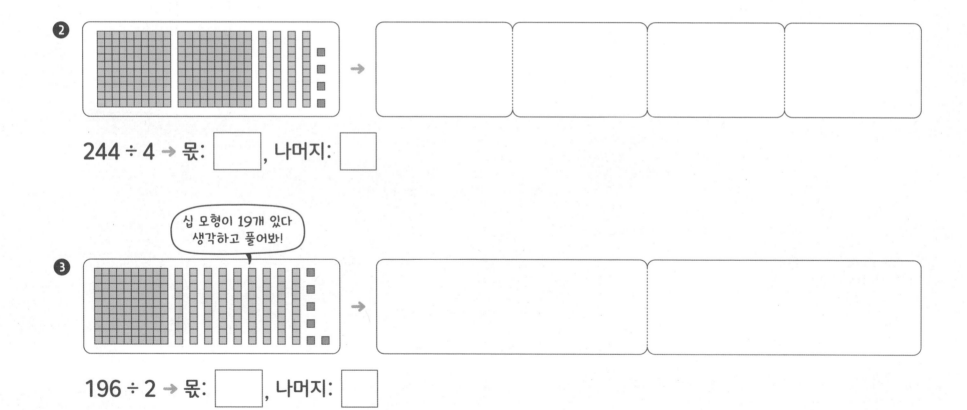

244 ÷ 4 → 몫: ☐ , 나머지: ☐

십 모형이 19개 있다
생각하고 풀어봐!

❸

196 ÷ 2 → 몫: ☐ , 나머지: ☐

4

$188 \div 3 \Rightarrow$ 몫: ☐ , 나머지: ☐

나머지가 나오는지 꼭 확인해!

5

백 모형 1개는 십 모형 10개와 같아!

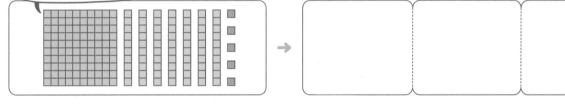

$175 \div 4 \Rightarrow$ 몫: ☐ , 나머지: ☐

6

$155 \div 2 \Rightarrow$ 몫: ☐ , 나머지: ☐

공부 끝!

맞힌 개수

부모님 확인

／6개

오늘의 숫자 **63**에 색칠하세요.

Day 43

백의 자리 수가
나누는 수보다 작으면
십의 자리 수와
함께 나누는 거야.

$425 ÷ 5 = 85$

```
      8  5
 5 ) 4  2  5
     4  0  ⓪     ❶ 5×80
        2  5     ❷ 425-400
        2  5     ❸ 5×5
           0     ❹ 25-25
```

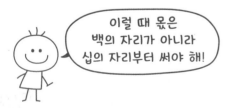

이럴 때 몫은
백의 자리가 아니라
십의 자리부터 써야 해!

❶ $246 ÷ 3 =$

```
         8
 3 ) 2  4  6
     2  4
           6
```

❷ $511 ÷ 7 =$

```
 7 ) 5  1  1
```

❸ $656 ÷ 8 =$

```
 8 ) 6  5  6
```

❹ $525 ÷ 7 =$

```
 7 ) 5  2  5
```

❺ $168 ÷ 3 =$

```
 3 ) 1  6  8
```

❻ $350 ÷ 5 =$

```
 5 ) 3  5  0
```

7 282 ÷ 3 =

```
3 ) 2 8 2
```

8 623 ÷ 7 =

```
7 ) 6 2 3
```

9 312 ÷ 4 =

```
4 ) 3 1 2
```

10 172 ÷ 2 =

```
2 ) 1 7 2
```

11 576 ÷ 8 =

```
8 ) 5 7 6
```

12 450 ÷ 6 =

```
6 ) 4 5 0
```

13 135 ÷ 5 =

```
5 ) 1 3 5
```

백의 자리 숫자가 나누는 수보다 작은 (세 자리 수) ÷ (한 자리 수)

공부 끝!

맞힌 개수

부모님 확인

/13개

오늘의 숫자 **95**에 색칠하세요.

Day 44

백의 자리를 나눌 수
없으면 0을 쓰는 대신
비워 두는 거야.

$$266 ÷ 4 = 66 \cdots 2$$

		6	6
4)	2	6	6
	2	4	0
		2	6
		2	4
			2

❶ 4×60
❷ 266-240
❸ 4×6
❹ 26-24

백의 자리 수와
십의 자리 수를 함께
계산해 봐.

❶ 386 ÷ 5 =

		7	
5)	3	8	6
	3	5	
		3	6

❷ 628 ÷ 8 =

8)	6	2	8

❸ 333 ÷ 6 =

6)	3	3	3

❹ 730 ÷ 9 =

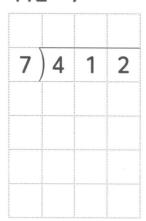

9)	7	3	0

❺ 412 ÷ 7 =

7)	4	1	2

❻ 524 ÷ 6 =

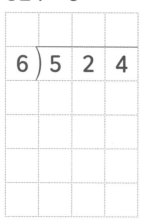

6)	5	2	4

❼ 123 ÷ 2 =

$$2\overline{)123}$$

❽ 272 ÷ 5 =

$$5\overline{)272}$$

❾ 533 ÷ 8 =

$$8\overline{)533}$$

❿ 157 ÷ 3 =

$$3\overline{)157}$$

⓫ 635 ÷ 7 =

$$7\overline{)635}$$

⓬ 215 ÷ 6 =

$$6\overline{)215}$$

⓭ 126 ÷ 5 =

$$5\overline{)126}$$

백의 자리 수가 나누는 수보다 작은 (세 자리 수) ÷ (한 자리 수)

공부 끝!

맞힌 개수

부모님 확인

/13개

오늘의 숫자 **98**에 색칠하세요.

45

백의 자리에서
나눌 수 없으면
십의 자리에서부터
몫을 계산해 보자.

❶
```
      6
  8)5 5 6
    4 8
    ───
      7 6
```

나머지는
나누는 수인
8보다 작겠지?

❷
```
  5)3 7 4
```

❸
```
  3)1 7 3
```

❹
```
  7)6 9 9
```

❺
```
  7)5 8 5
```

❻
```
  9)7 5 8
```

❼
```
  8)7 8 1
```

❽
```
  6)3 6 5
```

❾
```
  2)1 8 2
```

❿
```
  3)2 7 8
```

⓫
```
  5)3 5 9
```

⑫ 716 ÷ 8

⑬ 413 ÷ 7

⑭ 455 ÷ 5

⑮ 286 ÷ 4

⑯ 233 ÷ 6

⑰ 861 ÷ 9

⑱ 552 ÷ 8

⑲ 725 ÷ 9

⑳ 386 ÷ 6

㉑ 467 ÷ 5

㉒ 528 ÷ 7

㉓ 446 ÷ 6

㉔ 356 ÷ 8

㉕ 172 ÷ 4

㉖ 688 ÷ 9

㉗ 131 ÷ 2

㉘ 783 ÷ 9

㉙ 444 ÷ 7

㉚ 358 ÷ 6

공부 끝!

맞힌 개수

부모님 확인

/30개

오늘의 숫자 **46**에 색칠하세요.

Day 46

나눗셈은 나눌 수 있는
자리부터 몫을 쓰는 거야.

①
```
      3
   ┌──────
 9 │ 2 9 8
     2 7
   ──────
       2 8
```

나머지는
나누는 수인 9보다
작아야겠지?

②
```
   ┌──────
 7 │ 4 5 5
```

③
```
   ┌──────
 6 │ 3 8 7
```

④
```
   ┌──────
 5 │ 3 8 4
```

⑤
```
   ┌──────
 8 │ 5 6 4
```

⑥
```
   ┌──────
 3 │ 1 8 6
```

⑦
```
   ┌──────
 2 │ 1 2 5
```

⑧
```
   ┌──────
 9 │ 5 8 9
```

⑨
```
   ┌──────
 8 │ 7 3 4
```

⑩
```
   ┌──────
 6 │ 1 6 8
```

⑪
```
   ┌──────
 7 │ 5 7 1
```

⑫ 333 ÷ 9　　⑬ 582 ÷ 7　　⑭ 207 ÷ 5　　⑮ 498 ÷ 6

⑯ 656 ÷ 8　　⑰ 187 ÷ 6　　⑱ 277 ÷ 3　　⑲ 136 ÷ 2

⑳ 572 ÷ 8　　㉑ 167 ÷ 5　　㉒ 255 ÷ 9　　㉓ 482 ÷ 7

㉔ 458 ÷ 6　　㉕ 689 ÷ 8　　㉖ 296 ÷ 4　　㉗ 182 ÷ 3

㉘ 385 ÷ 7　　㉙ 272 ÷ 6　　㉚ 855 ÷ 9

백의 자리 수가 나누는 수보다 작은 (세 자리 수) ÷ (한 자리 수)

공부 끝!

맞힌 개수

부모님 확인

/30개

오늘의 숫자 71에 색칠하세요.

양팔 저울의 균형이 이루어지도록 몫과 나머지가 같은 과일을 찾아봐.

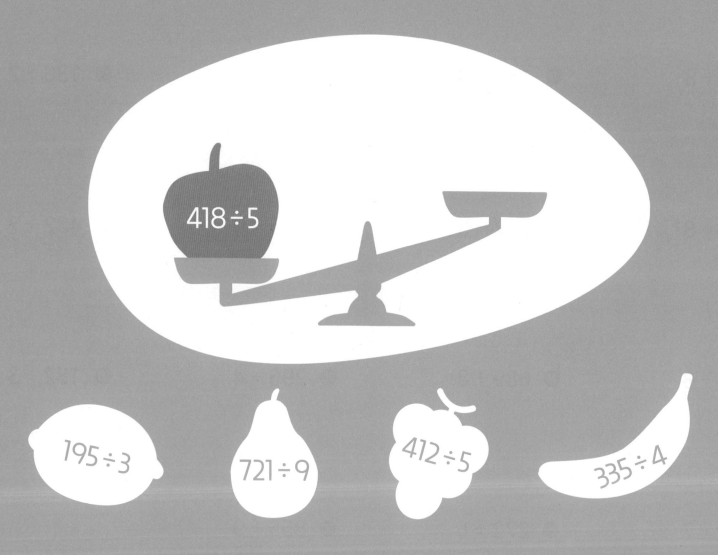

418 ÷ 5

195 ÷ 3

721 ÷ 9

412 ÷ 5

335 ÷ 4

연산

실력 점검하기

영역 1단계 ~ 6단계

01
$$
\begin{array}{r}
4\,0 \\
\times\ 2\,0 \\
\hline
\end{array}
$$

02
$$
\begin{array}{r}
8\,0 \\
\times\ 3\,0 \\
\hline
\end{array}
$$

03
$$
\begin{array}{r}
9\,0 \\
\times\ 4\,0 \\
\hline
\end{array}
$$

04
$$
\begin{array}{r}
2\,2 \\
\times\ 3\,0 \\
\hline
\end{array}
$$

05
$$
\begin{array}{r}
4\,8 \\
\times\ 4\,0 \\
\hline
\end{array}
$$

06
$$
\begin{array}{r}
9\,9 \\
\times\ 2\,0 \\
\hline
\end{array}
$$

07 70×30

08 90×20

09 60×40

10 27×30

11 82×40

12 69×30

13
$$
\begin{array}{r}
2\,3 \\
\times\ 3\,4 \\
\hline
\end{array}
$$

14
$$
\begin{array}{r}
4\,1 \\
\times\ 2\,6 \\
\hline
\end{array}
$$

15 72×13

16 43×32

17 82×14

18
$$
\begin{array}{r}
4\,2 \\
\times\ 3\,7 \\
\hline
\end{array}
$$

19
$$
\begin{array}{r}
6\,7 \\
\times\ 3\,8 \\
\hline
\end{array}
$$

20 53×46

21 29×84

22 64×41

23 $2 \overline{)80}$

24 $3 \overline{)60}$

25 $5 \overline{)50}$

26 $4 \overline{)120}$

27 $3 \overline{)150}$

28 $6 \overline{)180}$

29 $90 \div 3$

30 $70 \div 7$

31 $320 \div 8$

32 $420 \div 6$

33 $630 \div 7$

34 $250 \div 5$

35 $5 \overline{)55}$

36 $2 \overline{)42}$

37 $64 \div 2$

38 $66 \div 6$

39 $84 \div 4$

40 $96 \div 3$

41 $77 \div 7$

42 $68 \div 2$

43 $3 \overline{)75}$

44 $7 \overline{)84}$

45 $56 \div 4$

46 $80 \div 5$

47 $96 \div 8$

48 $87 \div 3$

49 $30 \div 2$

50 $98 \div 7$

걸린 시간: /분

맞힌 개수: /43

01 3)14

02 2)65

03 7)72

04 4)86

05 18÷5

06 43÷6

07 24÷5

08 70÷9

09 37÷7

10 97÷3

11 85÷8

12 2)37

13 4)73

14 3)41

15 5)64

16 89÷6

17 78÷5

18 62÷4

19 31÷2

20 44÷3

21 69÷4

22 93÷7

23 $2 \overline{)286}$

24 $6 \overline{)762}$

25 $3 \overline{)488}$

26 $5 \overline{)523}$

33 $6 \overline{)342}$

34 $8 \overline{)432}$

35 $6 \overline{)583}$

36 $4 \overline{)291}$

27 $369 \div 3$

28 $826 \div 7$

29 $820 \div 6$

30 $657 \div 5$

31 $731 \div 4$

32 $598 \div 3$

37 $637 \div 7$

38 $760 \div 8$

39 $846 \div 9$

40 $255 \div 7$

41 $514 \div 9$

42 $369 \div 6$

43 $179 \div 4$

01
$$\begin{array}{r} 60 \\ \times\ 90 \\ \hline \end{array}$$

02
$$\begin{array}{r} 43 \\ \times\ 80 \\ \hline \end{array}$$

03
$$\begin{array}{r} 61 \\ \times\ 16 \\ \hline \end{array}$$

04
$$\begin{array}{r} 52 \\ \times\ 67 \\ \hline \end{array}$$

05 $3\overline{)90}$

06 $4\overline{)160}$

07 $4\overline{)88}$

08 $3\overline{)96}$

09 $3\overline{)48}$

10 $2\overline{)56}$

11 $7\overline{)52}$

12 $4\overline{)85}$

13 $3\overline{)58}$

14 $5\overline{)78}$

15 $4\overline{)680}$

16 $3\overline{)907}$

17 $7\overline{)441}$

18 $4\overline{)291}$

34 81 ÷ 3

35 52 ÷ 4

36 76 ÷ 4

37 43 ÷ 2

38 67 ÷ 8

39 58 ÷ 9

40 73 ÷ 6

41 98 ÷ 4

42 81 ÷ 7

43 640 ÷ 4

44 894 ÷ 8

45 469 ÷ 3

46 167 ÷ 5

47 855 ÷ 9

48 589 ÷ 9

19 50 × 70

20 23 × 30

21 15 × 80

22 54 × 21

23 27 × 41

24 53 × 13

25 27 × 61

26 82 × 36

27 99 × 72

28 60 ÷ 2

29 360 ÷ 6

30 280 ÷ 4

31 66 ÷ 3

32 26 ÷ 2

33 84 ÷ 4